天工开物

现代生活中的科技

◎主编　刘胜华

上海科学技术文献出版社
Shanghai Scientific and Technological Literature Press

图书在版编目（CIP）数据

天工开物：现代生活中的科技 / 刘胜华主编．—上海：上海科学技术文献出版社，2014.7
（CCTV 天工开物丛书）
ISBN 978-7-5439-6261-3

Ⅰ．① 天… Ⅱ．①刘… Ⅲ．①科学技术—普及读物 Ⅳ．① N49

中国版本图书馆 CIP 数据核字（2014）第 127732 号

责任编辑：张　树
封面设计：许　菲

天工开物·现代生活中的科技
主编　刘胜华
出版发行：上海科学技术文献出版社
地　　址：上海市长乐路 746 号
邮政编码：200040
经　　销：全国新华书店
印　　刷：常熟市华顺印刷有限公司
开　　本：740×970　1/16
印　　张：11.75
字　　数：129 000
版　　次：2014 年 7 月第 1 版　2018 年 3 月第 2 次印刷
书　　号：ISBN 978-7-5439-6261-3
定　　价：26.00 元
http://www.sstlp.com

天工总有开物时（代序）

刘民朝

如果把《天工开物》作为一个新词典里的词条，它应该有两项解释。一是明代宋应星所著的科技专著；一是中央电视台科教频道里的科普栏目。诚然，作为电视栏目的《天工开物》是无法与历史名著《天工开物》相提并论的，但它却为大众所知，并赢得了不少有识之士的青睐。就目前在社会上的影响而论，也几乎与宋应星的《天工开物》不相上下。

该栏目创办于“科教频道”开办之初，其名称有意沿袭了祖先的书名，其含义是“认识自然规律，展开发明创造”，其初衷是系统展示中国古代的创造发明，以激发国人的科学精神、创造热情和民族自信心，栏目组在后来的表现也的确不俗：开播不到一年，由于制作精细，节目不但在大陆受到好评，还销往了境外，被推荐到国际上评奖。其推出的系列节目《古代器物》，尤其叫好又叫座，反映出栏目组对节目类型创作规律的清醒认识和把握。在创作手法上，摆脱了传统专题片的束缚，引进了动画、模型、实验、调查、复原、再现和主持人现场讨论等多种手段，不少节目活灵活现地介绍了古人的巧夺天工，令人过目不忘，真正起到了启迪智慧、激发创造的功效。在选题范围上，栏目也突破了单纯着眼中国古代的界限，而拓展为古今中外，无所不包。其中还开始注重了我国少数民族发明创造的挖掘和当代百姓的创造革新的反映，已经不是老生常谈的“四大发明”，而是应接不暇、闻所未闻的奇思妙想。栏目组也因此应接不暇地接到观众的来信、来电和E-mail，或讨论问题，或索要节目光盘。从这一点上说，宋应星的《天工开物》在科普传播效果上，就比不上后代这个电视的《天工开物》了。

平心而论，《天工开物》栏目在科教频道中收视率并不算低，并且富有特色，也属频道中的应有之义。惜乎由于各种原因，还没有形成规模传播效益。大概也因为这一点，科教频道在此次改版中将她暂隐到后台以待来时。我到国外同类电视台访问，看到他们特设一种“季播栏目”，就是经过一段精心的筹备制作之后，在一年的某一季度集中推出，而后又偃旗息鼓，到后台准备去了。你别说，这种播法还真有让人翘首企盼的特殊效果。

我们也企盼着《天工开物》再次登台！

天工开物：有待开掘的富矿

刘胜华

给《天工开物》系列节目出书，一直是节目组计划之内的工作，然而令人想不到的是，书稿完成的同时，这套节目却被从十套节目中撤出，不能不让人感到沮丧和伤心，也许拿到这套书时，也只剩“此情可待成追忆，只是当时已惘然”的遗憾了。

当初创办《天工开物》这套节目的灵感，来源于一个关于中国古人利用声音的波长确定尺度的小故事，这个故事深深打动了我，让我在感叹古人聪明智慧的同时，也深感我们对自己祖先了解的肤浅和狭隘。过去，我们大都只停留在“四大发明”的层次上，其实，中国人的智慧和创造力远不止于此，于是我们萌发了制作一档表现中国古代科学技术、发明创造的节目的想法，我们为这套节目找了个现成名字——《天工开物》，希望借古人的影响力创造新的辉煌。

3年多的努力，我们制作完成了400多期节目，这些节目生动形象地介绍了历史上的科学发现和技术发明。如最初采用纪录片形式制作的《算筹》、《悬空寺》、《小罐光景》等，随着播出时间的固定和收视的需要，我们在形式上有了新的调整：采用主持人串联的方式活跃节目形态；在内容上进行主题分类：比如以介绍成语中的古代科技为内容的“成语科考”系列，以及“古代器物”系列，等等。

“成语科考”对成语中涉及的科学技术进行了深入有趣地探讨和分析，从新的角度认识、理解成语，比如“丝丝入扣”形象地道出了纺织机上经线的挂织方法；“来龙去脉”中有着古人对居住环境的科学认识；“作茧自缚”准确地道出了蚕吐丝结茧的过程；“百炼成钢”实际上是源自我国古代的一种炼钢技术，而“如胶似膝”这个成语则反映了古人对“漆”的特性有了深入地了解。

NO.1 笛箫相悦

DI XIAO XIANG YUE

制作一种叫排箫的乐器

中国古代自周朝起就按照制作材料将乐器分为八类，分别为：金、石、丝、竹、木、革、土、匏，这八类乐器总称为八音。八音中竹即为笛箫。

据说人类最早使用的乐器就是笛箫这类的吹管乐器，制作这类乐器相对简单，就是把长短不一的竹管改造一下，一根或者几根编在一起。

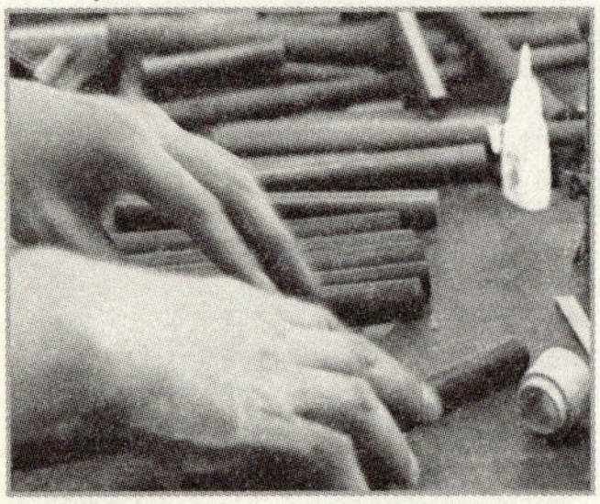

制作排箫

排箫的制作过程

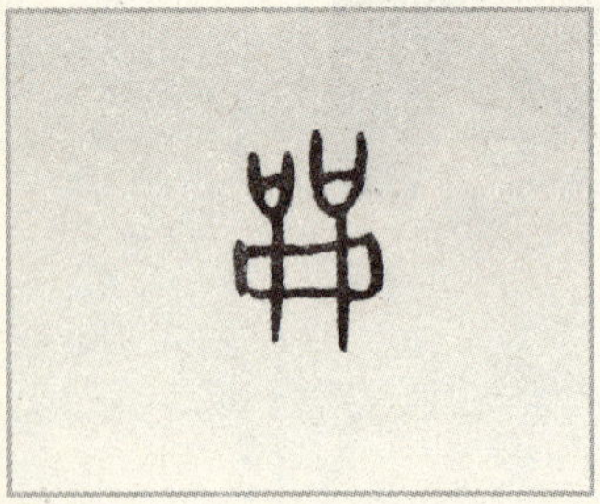

象形文字

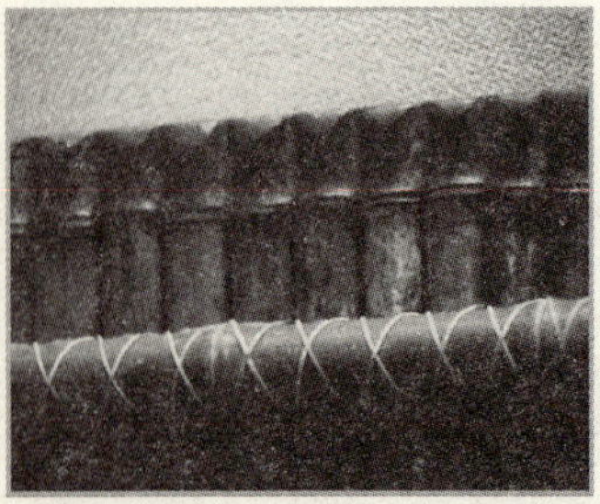

最早的排箫

虽然制作工艺简单，却能吹奏出许多神奇、动听的乐音。可以说，吹管类乐器在世界范围内是非常早就出现的一种乐器。

如今会吹奏排箫的人不多，能制作排箫的人就更少了，而上海民族乐器一厂制作笛箫的技师赵景国就是为数不多的能制作排箫的人之一。一根根的竹管经他修整、调理后，就成了流传至今几千年的吹管乐器——排箫。

一根竹管可以吹出一个音调，几根竹管拼在一起就能吹出曲调，排箫的演变过程真的如此简单吗？精心地锉制吹口又是为了什么呢？

很多专家认为，象形文字中的“龠”字是根据类似排箫的吹奏乐器创造的，它代表用几根苇竹制成的音管。吹口，是把音管连在一起的带子。这种乐器可能就是最早的排箫，只不过那个时候它称作箫。

竹子大都生长在南方，所以制作笛箫的名师也大都在南方。在上海民族乐器一厂的笛箫制作车间，音律学家陈正生老师就是一位有名的制作笛箫的大师。

现在世界上已知的排箫大约有200种，分

布于全世界各个民族和地区，对于一种乐器来说，这是绝无仅有的。对于中国的排箫，音律学专家陈正生老师说，中国的排箫实际上是受到律管的影响，律管据说是黄帝的乐官伶伦制作的，它就是一根很普通的、有一定长度和内径的竹管，由于竹管长度固定后，在气候不变的情况下，它的发音很稳定。这种发音稳定的律管就为乐器的调音找到了依据。

吹奏排箫的技师

我们也可以把排箫理解为由数根律管组成的乐器。世界上许多相隔遥远的地区，各自的排箫形式却相差不远，这可能是因为排箫的形式相对简单。但专家们研究发现，形式简单只是其中一个方面，更主要的还是排箫的音色优美、独特。

排箫与箫的音色是有区别的。箫的音色比较优雅、细腻，而排箫的声音则相对宽广，比箫更加透彻和明亮。

明亮的排箫声载着先人们的欢乐和智慧从远古响到现在，这就是我们祖先的智慧。一根竹管或者一排竹管，非常简单的原材料，可以改造的余地也不大，但是古人却能把它制造成这样一种流传广泛、受人喜爱、几千年都在使用的如此动听的乐器。在

陈老师讲解排箫的吹奏方法

当场示范

吹奏排箫的演员

笛箫合奏

让排箫出声的制作过程

笛箫的改进、改良过程中，人们起初是用一根竹管或一排竹管，吹一下能发出一个音，后来发现在竹管上挖出小孔之后可以发出不同的音。竹管里面有竹节，对笛箫发出的声音有非常大的影响。

为了控制音准，古人在排箫中加入了一种小木塞。因为吹管乐器的发声主要是靠气流，小木塞的作用就是挡住吹来的气流，让气流通过吹口发出声音，也有一些地区的排箫是采用蜜蜡封住管口达到同样的目的，上下调节小木塞的高度就能够找到准确的音。

陈正生介绍说，中国古代排箫有两种，一种叫洞箫，一种叫底箫，排箫管两端是通的，没有底，叫洞箫；有底的，中间塞了一层蜜蜡的叫底箫，我们现在的排箫基本上都是底箫，洞箫由于不容易吹响，所以在唐代时就已经不存在了。

最常见的排箫由多根由长渐短的管组成，自左至右依次排列，上端平齐下端倾斜，人们常说的一个词，参差不齐中的“参差”就是由排箫的形式而来。那么，箫与排箫又是什么关系呢？

排箫是由多根不同长度的管子组成的，假如在单独一根管子上面开若干个不同高度的洞，那么这根竹管就变成了很多不同长度的管子的组合，这个想法就构成了我们现在的箫。箫看上去更简单，上端留有竹节，管内去节中空；吹口开在上端的边沿；箫管的正面和背面分别开有音孔和助音孔。箫的两端在制作时，会根据需要做成封闭的或敞开的。

不断地尝试

最常见的排箫

从某种意义上说，管乐器的关键就在一个管字上，那是不是所有的管状物都可以制作成箫或笛呢？

管乐器主要是管，只要是管子都可以做管乐器，它跟材料没太大关系，比如木头、玉石、竹子制成的管乐器都有，塑料管也同样可以，不同材质的乐器音色也都差不多。管乐器属于边棱乐器，它的关键是吹口的地方要有个边棱。边棱和吹口是管乐器发声的关键。

一根竹管上抠出几个小孔，管乐器笛箫就这样诞生了，笛声清亮、箫声悠扬，清亮的笛声源于一片小小的笛膜。

笛和箫这两种乐器因为外形类似，总是被人们相提并论，比如人们说笛箫相悦。但是笛和箫是有区别的，最简单的一种辨别方式就是人们

比较不同材料的箫

发出声音的关键所在

箫和笛子的配合

皇帝的管乐伶伦

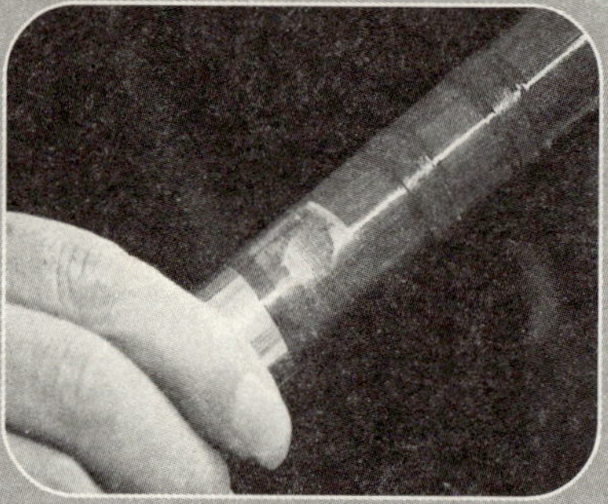
竹笛上的笛膜

常说的横吹为笛、竖吹为箫。当然，这种说法也是到唐代以后逐渐形成的，唐代之前甚至更古老的时候，笛和箫，横吹竖吹区别并不是很大。过去羌族人吹笛子就是竖吹的，叫竖笛。不过对于笛和箫来说，横吹还是竖吹都不重要，最根本的是怎样用一根竹子，发出好听的声音。人们常说听音乐，音乐的乐(yuè)字，另外一个读音就是乐(lè)，欢乐的乐，也就是说美好的音乐能激发我们心里美好的、欢乐的感情。

应当说，无论多么美妙的音乐都要建立在音阶系统上，建立音阶系统的人就是黄帝的乐官伶伦。据说当时他用自己的声音加上凤凰的11种声音，制作了12支不同音阶的竹笛，这12支竹笛就确立了中国音调系统的主调。竹笛有一个区别于其他吹管乐器独一无二的东西——笛膜。

究竟是什么人想到要为竹笛加上笛膜，从而使它的声音更加悦耳呢？

首先用笛膜的刘系

世界上没有哪一种乐器能与竹笛的音色相比对，就是因为它有笛膜。据宋朝的陈旸《乐书》记载，笛膜是唐朝的刘系首先使用的，有了笛膜以后，竹笛的声音变得明亮飘逸，否则笛子的声音就会发闷。

有很多事物和发明创造都是从大

❑ 加了笛膜后的吹奏声音

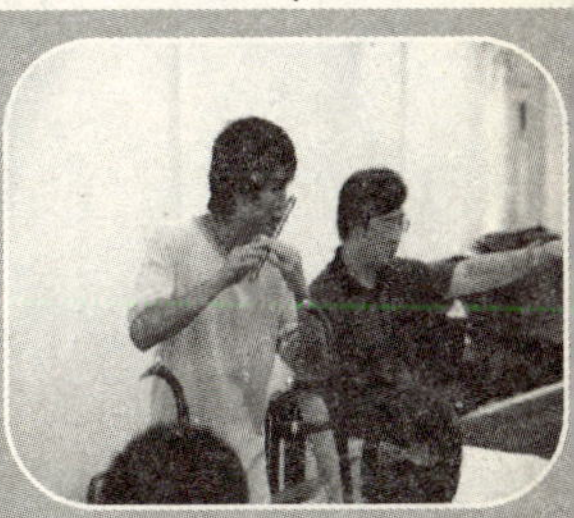
❑ 美妙地演出

自然、从动物身上得到启示，音乐也不例外。伶伦创建了古老的音调系统，有一个传说就是伶伦当时听到了凤凰的鸣叫声，进而受到启发。这个传说现在已无处去溯源，但是音调系统却是真实存在的。过去的人和大自然的关系非常亲密，到了冬至，所有以农耕为生的人要开始面对一个漫长的冬季，于是人们要用音乐的方式祈祷来年五谷丰登，祈祷能够平安地度过这段艰苦的日子，从此，音乐成为人和大自然沟通的工具和语言。

(费燕)

NO.2 琴瑟合鸣

QIN SE HE MING

乐器之王——古琴

中国古代自周朝起就按照制作材料将乐器分为8类，分别为：金、石、丝、竹、木、革、土、匏，这8类乐器总称为八音。

八音中用丝做成的乐器有琴、瑟。20多年前，美国有5台太空探测器把地球上的十几种声音带到太空中去传播，而被带上月球的都是地球上优秀文化的代表，其中代表着东方艺术、东方音乐的就是中国的古琴曲《流水》。古琴艺术现在被联合国教科文组织宣布为“人类口头和非物质遗产代表作”，它的艺术价值是举世公认的。

古琴——中国民族乐器之王。世界上没有哪一种乐器像古琴这样历经两三千年，几乎没有任何改变地传承下来。古琴和瑟都是用丝制成弦，张在木制的琴体上，这种组成的乐器叫做弹弦乐器。甲骨文的“乐”字的下面是木，上面是丝；在金文的乐字中加上了一个象形体，代表拨弦的小器物。弹拨乐的原始形态就是这样在丝与木的简单结合中完成的。

乐的象形文字

象形文字乐的原始形态

在评价古琴的构造时，有人说它是依据中国天与地之间关系的观念设计而成的，琴的创造蕴含着天人合一的思想。武汉音乐学院的丁承运老师也非常认同这个说法，他甚至认为天人合一的说法在古琴的琴体上不仅是一个概念，而且还有具体体现。

艺术性地表演

丁承运：“琴面上圆似天，下平似地，中空准六合像一个宇宙空间。琴面上的13个徽位象征着12个月加上一个闰月，琴长3尺6寸5分象征一年365天，这些都跟天数相合。琴底板上面有池沼，是河流湖泊的意思，琴面上有岳山，喻意像泰山一样高高耸立在琴面上。”

龙须

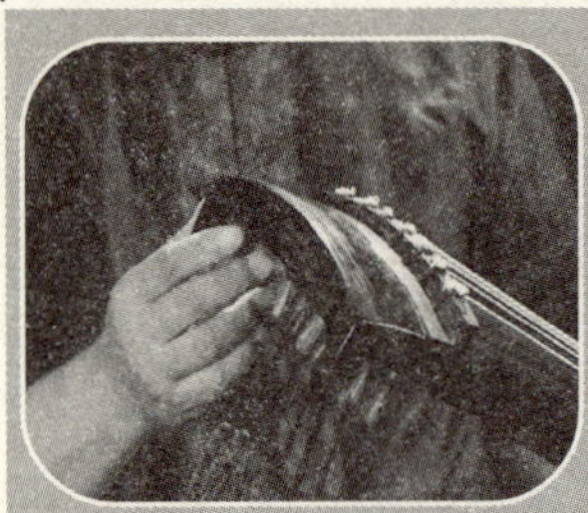
龙舌

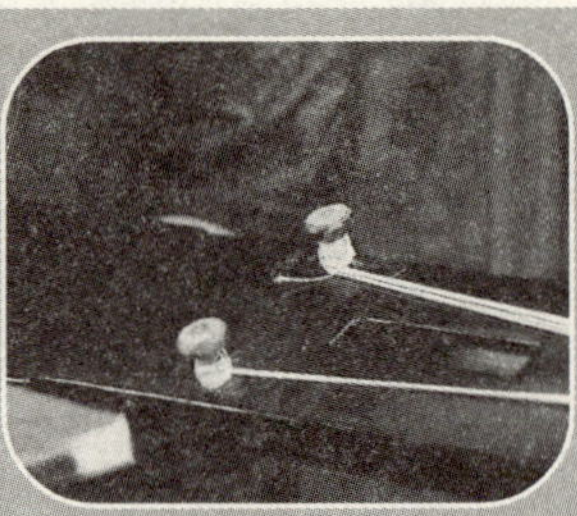
凫掌　雁足

天人合一的概念

古琴的琴体似人形，有琴额、琴颈、琴肩，下面收缩的部分为腰；有形似动物形体的部分，如龙舌、凫掌、雁足。面对古琴，就像面对天地宇宙。人们说古琴可以发出天、地、人的声音。如果真是这样，我们就能在制琴、弹琴、欣赏琴曲的过程中感受到什么是天人合一。

窈窕淑女，琴瑟有之。关于琴瑟之音，历朝历代出现过许多著名的典故，司马相如以琴求偶，伯牙与钟子期以琴神交等故事流传千古。“知音”是现在用得很多的一个词，历史上很多伟大的人物，比如孔子就特别喜欢弹古琴，他甚至还谱写过古琴曲。

关于古琴的形制，从唐代以后就基本没有再变化过，也就是说唐代以前古琴的发展和完美已经接近了几乎完美的境地。

制作古琴的过程

制琴一般都是家传或者是拜师学徒，到目前为止在我国制琴界只有一个人是例外。这个人叫王鹏，毕业于沈阳音乐学院乐器制造专业，当年这个专业首批招收了两名学生，其中一个改了行。王鹏说制琴是一件苦中求乐的事，如果不是真心喜欢很难坚持做下去，也许是对他执着于制琴的回报，仅仅几年的功夫他制作的古琴在圈中已是无人不知。

重要的琴面选材

在制琴的过程中，琴面的选材是最重要的，木料的纹理要直顺，木材的年轮宽度要均匀，硬度要适中，所以一般都选用梧桐、杉木。唐代制琴世家雷氏曾说过：选良材，用意深，五百年，有正音，因此面板材料有“击之如铜钟”之说。底板要选择较硬的木材，用天然胶合成，与琴面形成“刚柔相配”。古代的琴家并不追求古琴琴式的统一，相反是通过变异的琴式来发挥自己的艺术特色。古时的琴家往往根据琴形的特点，为自己的琴取名，琴名一般都来自神话传说、历史典故或自然界的物象，每一个名字都是一个象征。

一件器物的传承一定有它的合理性，古琴制作的后道工序是髹漆。古琴的髹漆有一整套完整的工艺，绝大多数要用可再生的鹿角霜，配上其他材料的底漆层。古琴在弹奏时手指直接按在琴面上，有质地坚硬的生漆做底，琴面不易出现凹槽，而底漆正是古琴音质、音量优良的奥妙所在。

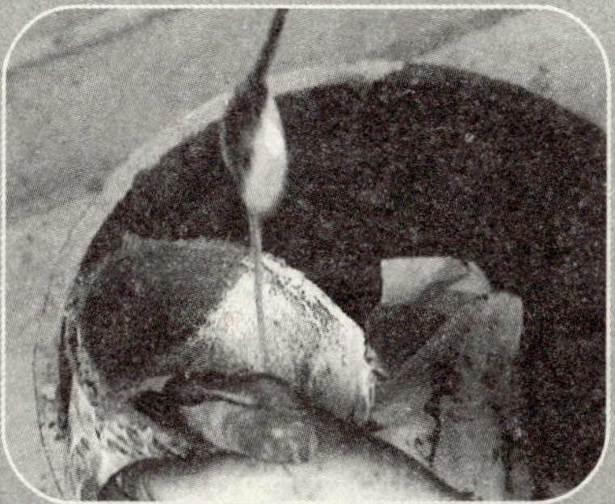

制作的过程

王鹏深谙大漆的作用，他说，3 000多年一直都是沿用这种材料来制作的，具有良好防腐的作用，古琴能流传至今跟它外壳的这层灰质有着很大的关联。

在优雅的琴声背后是一整套耗时

精美的古琴

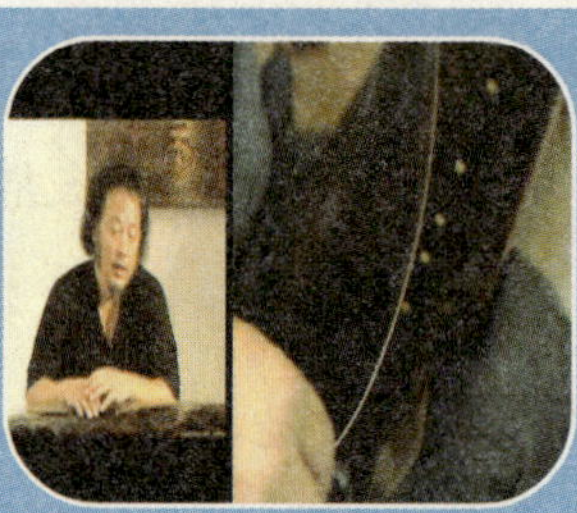

穿琴弦

固定琴弦

试音

专心弹琴的古琴制造者

不容易搬动的瑟

费力的制作过程。按照王鹏的说法，要想制作出一张音色优美的古琴，每一步都是关键。古琴的琴头宽、琴尾窄，似一个三角形，这样能使琴体结构稳定。琴弦的上法也是千年不变流传下来的，弦的材料和上弦的方法都能保证古琴承受最小的张力。

王鹏认为，琴弦的张力并不大，尤其古代的琴弦都是蚕丝做成的，丝弦也就是丝张于木上为琴，达到固定音高后，张力并不大，所以琴不像其他乐器，如像古筝那样承受很大的张力，因而琴变形的概率就很小。

等待一张上过漆的琴体自然干燥需要一年半的时间，这样一张琴的制作至少要用两年的时间。古琴从自然中汲取了太多元素：琴头似高山，琴弦似流水，底面上的两个共鸣箱被称为池沼。也许正是这些原因，大部分古琴曲都与山水相关。

人们常说琴瑟合鸣，琴历经3 000多年延续至今，瑟却在历史上中断了1 000多年。我们是否还能听到几千年前的琴瑟之音?

上古时候，说琴必称琴瑟，这两种乐器是不能分开的。但是到了汉代以后，琴瑟就出现了分别，琴逐渐流入到民间，也正因如此琴才被流传下来。而瑟的体形巨大，重量也大，不易搬动，也不易携带，所以就留在了宫廷雅乐的演奏场合，只在宫廷音乐中出现，慢慢地瑟就失传了。对于中国古典音乐来说，这是一件令人遗憾的事情，那么过去古人说的琴瑟和谐的声音我们是不是就再也听不到了呢?

❑ 失传的瑟

恢复古瑟的制作和演奏，是一件非常不容易的事。琴与瑟出现的年代大致相当，只是瑟在1 000多年前失传。从1998年起丁承运老师开始复原远古时期的瑟，他首先复原的是一张长度适中、以现代人的眼光更容易与琴相合的古瑟。

❑ 复原的乐器

在近几十年考古出土的乐器中，瑟的数量非常大，据不完全统计，20世纪50年代以来，大概出土了近百张瑟，而出土的古琴却不到10张。古代的瑟曾经非常辉煌，古文献上有许多关于琴瑟合鸣的记载。瑟的失传是一种遗憾，因此也就对瑟更加神往，很想知道古代的瑟到底什么样子。

❑ 瑟的功能

经过数年的潜心研究和反复尝试，丁承运老师根据河南淅川下寺楚墓出土文物复原出了一张古瑟。他试着借用最远古的琴瑟合鸣的形

琴瑟的配合

式来演奏流传至今的琴曲，一听之下，发现瑟与琴配合得非常完美。琴曲经过琴瑟合鸣，开拓出一个我们想不到的合美效果。

现实生活中的琴瑟合鸣，是由丁承运和他的妻子傅丽娜共同演奏的。他们之间的那种默契、和谐也许并不是源自琴、瑟，但琴瑟合鸣的意喻的确是在人与自然、人与人之间传递和谐之音。正是有了丁承运这些执着于古琴艺术传承的人，我们才能够在现代时尚的生活环境和节奏中，感受到几千年前的琴瑟合鸣。

有一位非常喜欢古琴的先生说，现在再发达的科技手段也不能使时光倒流，但是古琴就可以。他说听到古琴的声音响起来，就好像被带回到过去的时光中。如今喜欢古琴艺术的人越来越多，流传下来的古琴曲有3 000多首，可是真正能被弹奏出来的只有不到100首。就是这寥寥数十首曲子，也只能仰仗着少数一些有缘传承古琴艺术的人来为我们展现这种古老艺术的魅力。

(费燕)

NO.3 此豆非彼豆

CI DOU FEI BI DOU

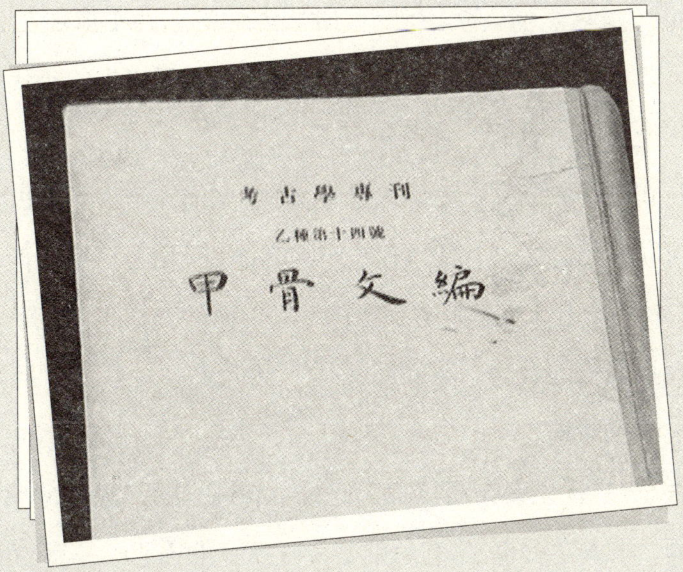

甲骨文编

戴吾三是清华大学古文献研究所的研究员，生活在现代的他对古代事物有着浓厚的兴趣，这当然与他的工作性质有关。他曾经写过一篇文章名为《此豆非彼豆》的文章，而文章中的“豆”正是我国古代的一种容器。

王雪纯：“人们通常所说的豆，无非就是红豆、绿豆、青豆、黄豆、

甲骨文中的豆字

扁豆之类，但是在古代还有一种说法，比如人们会说吃一豆饭，喝一豆水，在这里，豆不是吃的豆，而是用来盛豆的豆，也就是用来盛食物的一种古代容器。说文解字里说，豆是专门用来盛放肉食的一种容器。古时候人们吃东西不像现在分得这么精细，所以豆也可以用来装粮食、蔬菜、水果。豆出现的年代较早，在商代的出土文物中就有一种白陶豆。”

要认识最早的“豆”，还得从甲骨文、金文的字形开始。甲骨文“豆”从字形可以看出，像一个高脚有底座的容器，里面可以盛东西；而金文的“豆”字所表达的意思是有盖子的豆，上面的一横表示盖子、下面一横代表豆里盛放的食物。豆的释义是：古代的一种食具，最初的作用是人们吃喝用的碗。

戴吾三：“在先秦典籍《考工记》中有这样的记载：‘食一豆肉，饮一豆酒，中人之食也。’意思就是说吃一豆的肉，喝一豆的酒是普通人的食量。《礼记》中也有这样的记载：‘觞酒豆肉’，说的是酒杯中的酒和豆中的肉。这些都说明，早在春秋战国时期，‘豆’已经是人们吃喝用的一种常用容器了。”

豆字

豆的体形变化经历了几个阶段，我们今天吃饭用的碗也从“豆”演变而来。

应用现今的技术制作古代“豆”这种体

古代的食具

形的陶器很简单，因为人们已经掌握了陶土的特性，制作手段更加成熟，制作工具也更加丰富。

泥条盘筑法是新石器时代最常用的制陶方法，直到今天仍然被采用。为了保持豆的稳定，一开始它的底座形体较大。在历史上还有用其他材料做成的“豆”，大致有青铜、木制和竹制的。古时候人们用竹豆盛放肉干等干燥食品，用木制的豆盛放带汁的食物，而陶豆则是吃喝用的普通饭碗。用最原始、最简易的手捏成型法制作陶豆的上半部分，这种方法的好处在于可以随时对器形做调整，不过用这种方法只能做一些简单的器形。后来根据盛放食物的需要，人们把豆的上半部分越做越大，豆也就越来越接近我们现在用的碗形。豆的形状在人们长期使用和不断完善的过程中逐渐发生了变化，这样的改变在今天看来是必然的，但是在几千年前，人们的想象力和创造力却体现在这一点点细微的变化之中。

王雪纯：“从豆的发展过程中，我们可以感受到在漫长的历史时期里，人类社会经济、政治、文化技术等各个方面的发展变化。随着时间

豆的作用

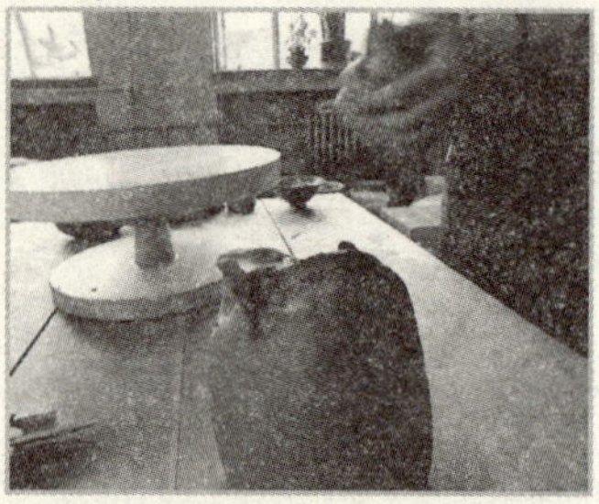

制作豆的过程

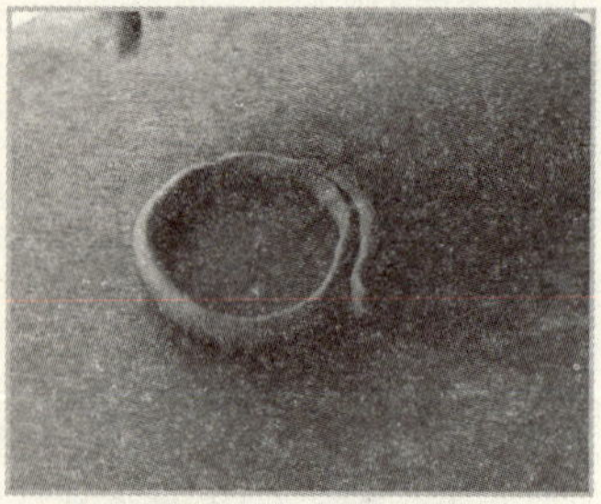

豆的底座

泥条盘筑法

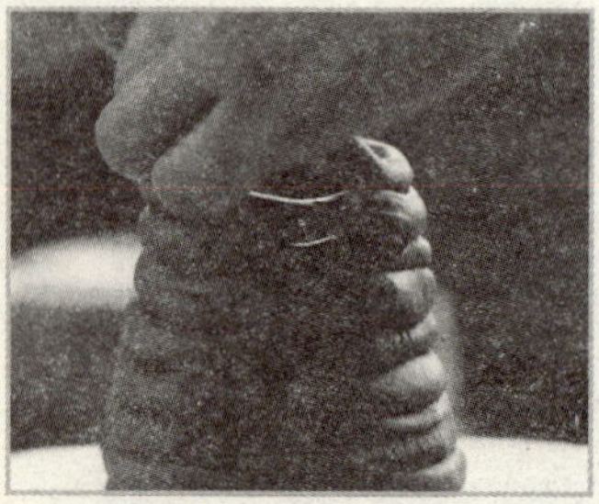

底座比较大的豆

的推移，豆被做得越来越漂亮，越来越精致，逐渐衍变成身份和地位的象征。现今我们所知叫豆的容器不止一种，而且它们的作用也远远超出了简单的容器的范围。”

到了春秋时期，豆有了更大的变化。那个时候的豆已经制作得很讲究，被当作礼器了，带盖子的豆，外表增加了装饰的豆都出现在那个时候，更有一些制作精美而复杂的“豆”出现在祭祀等重要场合。由于豆是古人日常生活用品，所以它的变化更显现出一个时代、一个地区、一个民族的文化传统、生态环境和技术水平。在中国传统文化中，等级、辈分的观念非常强，豆也不例外地成为这种传统习俗的象征物。

戴吾三：“那个时候地位高、身份高的人拥有的‘豆’就多，年龄大的人享用的‘豆’也多。《礼记》中有这样的记载：六十者三豆，七十者四豆，八十者五豆，九十者六豆，用现在的话来说就是给六十岁的人三份食物、七十岁的人四份食物，以此类推。那个时候对年龄大、地位高的人的尊敬，表现在食物的分量上。那时一豆的量相当于现在两个易拉罐容量，大约有820毫升。”

❑ 豆的加工

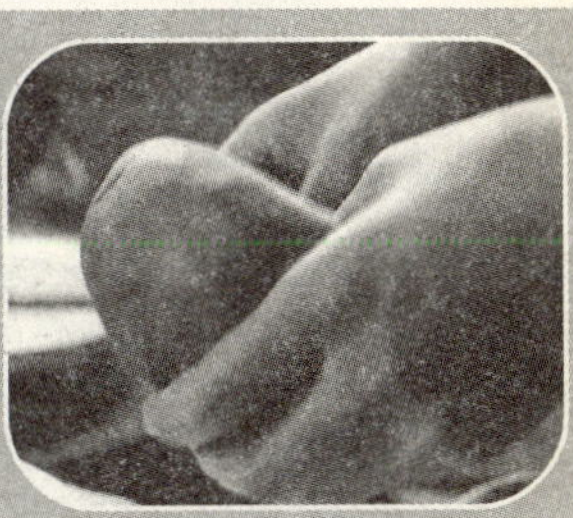

❑ 简单的做豆方法

春秋战国时期是度量衡从建立到逐步健全的时期，也是到目前为止我们所见度量衡器具比较多的时期，豆在其中也充当了一个角色。在《中国科学技术史》度量衡卷中，提到齐国的4种量器：豆、区、釜、钟，其中就有“豆”。

戴吾三：“也有专家指出豆不一定是标准量器，因为陶制的豆不如青铜器规范，所以豆很可能是地方或民间用的一种量器。

“据说我们比较熟知的量具斗就是由豆演变而来的，这个说法虽然没有得到专家的证实，但是在历史上，豆确实被作为量器和度量的单位被使用过。”

王雪纯：“‘只许州官放火，不许百姓点灯’是一个流传很广的典故，这个故事是由陆游记载下来的。有一个叫田登的州官，因为他名字中的登字与‘灯’字同音，为了避讳，他要求人们称点灯为点火。元宵节到了，街道上要放灯，于是州府贴出的布告：本州依例放火三日。于是就有了‘只许州官放火，不许百姓点灯’的讽刺故事。在繁写的灯字里有‘豆’字，就是古代的器物豆，按照过去的造字规则，灯和豆之间也有着某种关系。”

早期灯的名称就是“登”，登中有豆。登的古字形表示双手捧着装祭品的礼器“豆”向上走，后来引申为上升、登高之意。那时的灯也写为金字旁的“镫”，这可能是因为后来有了用青铜材料做的灯。不过，不管灯是用什么做的，都要用火点燃，所以从汉代起，人们用火字旁的

完成的豆的底座

碗型的豆

豆的变化

"燈"指灯具，金字旁的"鐙"就专门指马具，"灯"字一直沿用下来。

戴吾三："早期的器物功能并不十分明确，因此灯和豆的形制区分也就不明显。到了商代，开始用动物的油脂来点燃照明，这就需要容器，很可能最初的灯具就是利用'豆'装上动物的油来点燃照明，以后才逐步有了专用的照明器物。"

古语说，"瓦豆谓之登(鐙)"，上盘下座，中间以柱相连，虽然形制比较简单，却奠定了中国油灯的基本造型。到战国后期发展起来的灯造型多样，与豆已经没有联系，但是如果古人在最初的时候不是用豆做灯台，也许灯的字形就不是这样写的了。

王雪纯："有一件与'豆'的原始字形相似的现代小物件，这种东西摆在家里，下面点蜡烛，上面放香料，可以清除异味。不过这个东西

逐步健全的豆

度量衡具（豆）

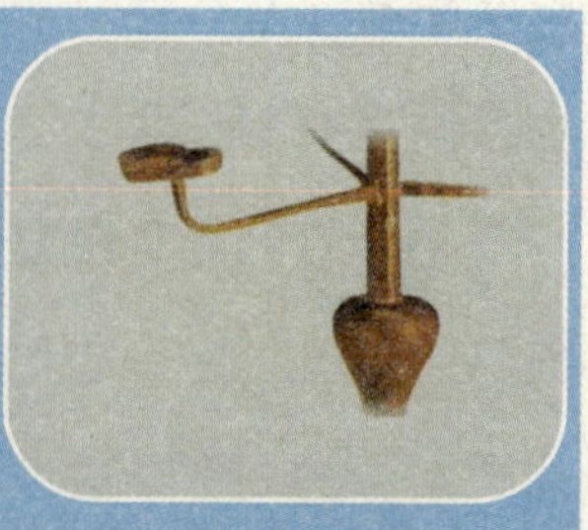

青铜材料做的灯

古人点灯的情景

瓦豆谓之登

造型奇特的灯

与豆相似的现代小物件

不叫豆，而是叫烛台。无论豆的外形发生了怎样的改变，都与我们现在熟知的农作物豆没有什么关联，从过去可用的器物豆到现在可食用的豆，这里面包含着什么样的变迁呢?”

戴吾三:“我们今天吃的豆，古时叫‘菽’，据清代学者钱大昕的研究，古时的舌位发音与今天不一样，‘豆’与‘菽’的古音发音相近，有一段时间甚至互相通用，后来为了与称谓‘叔叔’相区别，就把‘菽’改叫豆了。”

王雪纯:“无论是菽还是豆，都只是人们根据生活需要所做的约定。随着植物豆的称呼的流行，到今天许多人已经不太了解豆字的初义，更不了解豆这种原始器物的变化过程了，不过在古书中豆的初义始终都没有改变。”

烛台的由来

NO.4 “鬲”带来的饮食习惯

LI DAI LAI DE YIN SHI XI GUAN

鬲——古代盛水的用具

鬲，在今天的词汇中不常见，所以有不少人不知道这个字的字义，更不知道它的形。而陶鬲作为一种古代器物，却曾以它独特的结构风行一时，后来陶鬲大约在南北朝时消失了，原因不明。

王雪纯：“古代有很多生产技术的发展都与饮食有关，鬲也和一种烹饪方法有关系，就是蒸。蒸可以说是华夏烹饪方法的一大特色。西方人吃的面食是烤面包，中国人吃的是蒸馒头，烹饪方法不相同，一个是烤一个是蒸。烤是一种比较直接、比较自然的方法，而蒸的方法就复杂了许多，为了蒸食物，古人就发明了鬲这种炊具。”

陶瓷研究生

鬲出现的年代并不早，因为它的形体要比盆、罐类的器物复杂，大约起源于距今4 000多年，它被认为是原始炊具中结构最独特的一种。从甲骨文字形中可以看出鬲的原始形态：浅浅的上部、肥大的三足，它的形义非常明确。从金文的鬲字可以看出，与早些时候的鬲相比，这时的鬲体形已经有了一些变化。这一方面是由于文字的相对规范，另一方面也因为在使用过程中器物本身的不断完善。与鬲同一时期的世界各地都出现了陶器，那时的陶器大都为了盛放食物、水，因此器物形状大同小异。但是鬲的这种造型，在当时世界上其他地区都没有出现过，到现在更是早已消失得无影无踪。

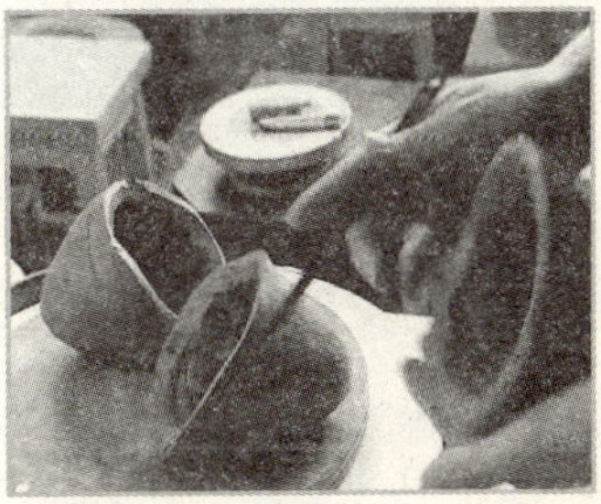
古代炊具——陶鬲

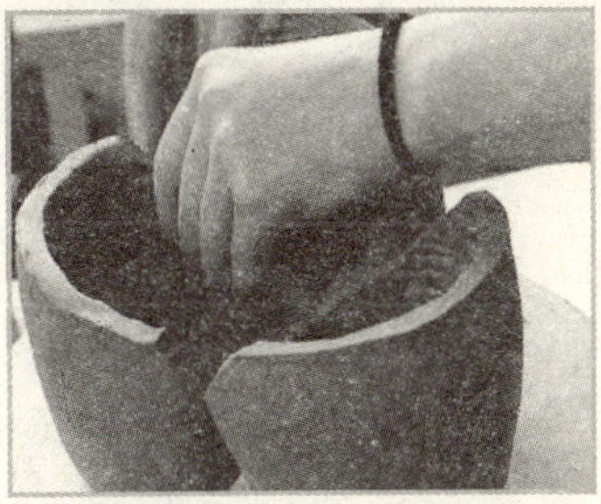
独特的结构

戴吾三：“古代的陶器型大多比较类似，惟独鬲造型别致，它的3个袋足起支撑作用，直接置于火堆上能充分利用热量。那个时候人们的食物是谷物和肉放在一起煮的粥，鬲的这个结构正好把大块的食物留在了上面，散碎的食

王雪纯

鬲的起源

物在下面煮，这为中华民族后来产生蒸这种烹饪的方法奠定了基础，因此有专家称，鬲是中华文化的古老化石。”

在仿制陶鬲的过程中，人们发现“鬲”的3个足很有特色，对于居无定所的人来说，鬲的形态显然比普通的盆盆罐罐更易于直接架在火上。但是，如果3只袋状的足只是作为支架，那古人怎么会想到把它做成空心的，而不是实实在在的3条腿呢？

王雪纯：“鬲的优势在于结构稳定，便于携带，古时候人们经常带着炊具野炊，往火堆、柴堆上一架，就可以烧煮。鬲的另外一个优点是，能够非常充分地利用热量，保持食物的原味，比如煮肉时，肉汤在3条空心的腿里，肉浮在上面，煮熟后肉渣子、调料都会沉到鬲的足里，上面留下纯在的肉汤，如果没有非凡的想象力是很难制造出这样一种奇特的器物来的。

有人从审美的角度研究，把鬲与欧洲石器时代的“维纳斯”偶像比较，认为鬲是一种更抽象、更夸张、更具表现力的人体艺术品，所以就有了一种猜测，鬲是人们对孕育生命的崇拜而模仿女人的形体做出的器物。鬲的制作绝非易事，按照文物专家早已确定并模制成功的步骤，鬲的制作方法是这样的： 先做出像布袋子一样的

甲骨文字

足，趁着这3个足半干的时候，把它们各自去掉一部分，让它们可以互相斜倚，黏合在一起，再加上浅浅的上部，陶鬲就仿制好了。但是事情远没有想象的这么简单，尽管采用了现代技术，经过几次修整和粘接，陶鬲的3条足袋仍然难以合为一体，问题的关键在于3只足相互连接的部分应当怎么削、削去多少，削的角度多少，泥干到什么程度才能让这3只足既能支撑，又可以随意修整，当然最主要的还是怎样才能让这3只足恰到好处地粘接在一起？

❑ 古代的陶器

❑ 盛水的工具

❑ 四五千年前的陶器

在4 000年前，那时的人们是按照怎样的工序来制作陶鬲的，今天已经不可能确切地知道了，人们只能通过推断和想象来进行复制。清华美院陶瓷系研究生林利就在尝试着复制陶鬲。虽然复制出的陶鬲外形比较难看，但最终她还是成功了。其实，复制陶鬲的真正目的并不是想要得到一个多么好看的鬲，而只是想借此感受、体验一下4 000年前的人们是怎么制作陶鬲的。

鬲风行一时，最终消失。是一种文明物质的消失，还是另一种更新、更文明的物质的新生，如今已无可考证了。

王雪纯：“鬲作为中国独有的炊具拥有许多优势，可是到了南北朝的时候，鬲却忽然从人们的生活中消失了。研究古代科技史的学者认

造型奇特的陶器

研究员戴吾三

袋足的支撑作用

煮食物

为，鬲的消失是文明史上的一个谜。学者们认为有两种可能导致了鬲的消失，一是后来的人更多地使用青铜材料来制作炊具，与陶泥比起来用青铜制作鬲非常困难，人们也就不愿再费时费事制作这种炊具；再是后来的人们住处相对固定，不再到处迁徙，也就不需要这种便于携带的炊具了。当然也有一种可能就是鬲和后来的新器具融合在一起形成别的炊具。虽然鬲这种形态的炊具消失了，可是由鬲发展出来的烹饪方法——蒸却一直流传下来。”

后来，在鬲的基础上发展出很多以这种空袋状、3足为特征的陶器系列：陶甗(yǎn)，下面就是一个陶鬲，当中盛水，中间最细的部分放一个带小孔的陶圈，上面的釜中放蒸制的食物；中国科技馆的展品青铜甗(yǎn)，它的存在说明鬲并不是因为结构复杂、不易铸造而消失的；

鬲的制作过程

人体的艺术

模仿女人形体所做的器物

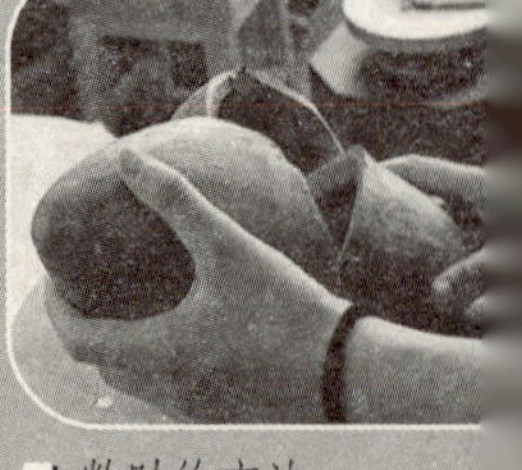
粘时的方法

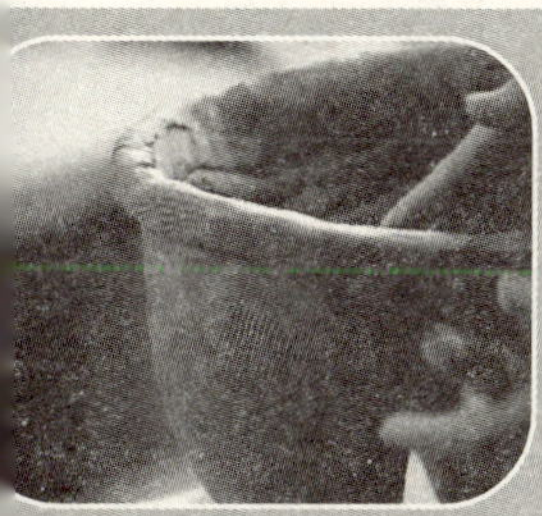
消失的原因

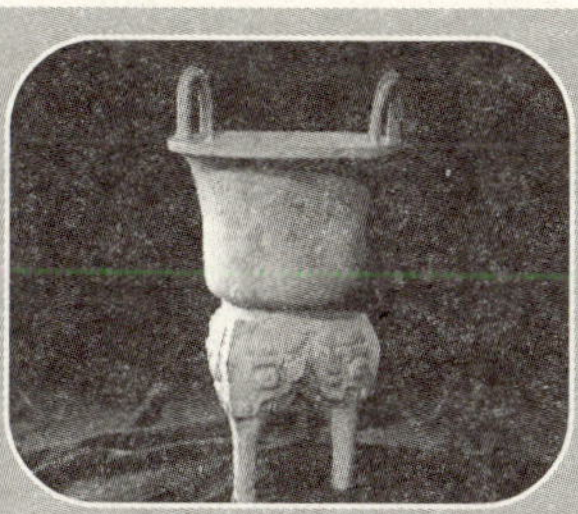
中国科技馆的展品

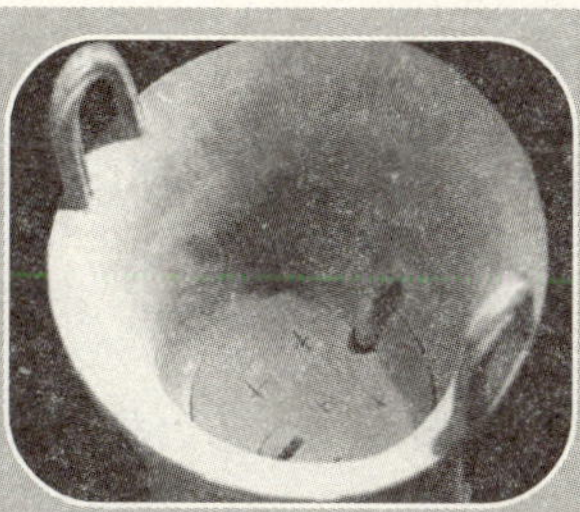
上层部分

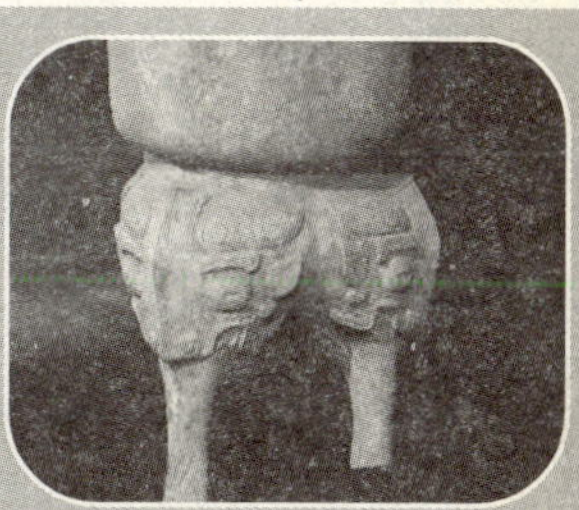
下层被称为鬲

陕西出土的一件方鬲，看上去很像大家所熟悉的青铜器"鼎"，它们的出现就是古代器物相互借鉴的实例。

甗(yǎn)相当于今天的蒸锅。它几乎与陶甗(yǎn)一模一样，也分为上下两层，下面这部分就是鬲，这3只足仍是典型的鬲的袋足，上部被称为甑，相当于蒸锅的箅子，放上水可以在蒸食物的同时煮食物；甗(yǎn)是甑和鬲的套合，一器两用。

戴吾三："早期的鬲和早期的鼎很相像，以至于时常分不清。事实上早期的鬲和早期的鼎是两种完全不同的器型，对鬲而言，它的3个足肥大形似口袋，而鼎的3个足相对较窄较细，大都是实心的。

"有些学者认为鬲的体形直接影响了鼎的造型，在商代，鬲变成了由青铜制造的、最常见的容器。由于鬲的器形发生了变化，更像鼎了，

填放燃料的门

烟道

极似青铜器鼎

三足圆形鼎

所以现在提到青铜大多数人想到的就是鼎。”

今天我们已经无从探究鼎和鬲到底是谁影响了谁，或许它们与人类文明的进程一样，是相互影响、相互促进的。但是鬲与鼎在规模和含义上已大不相同：鬲是普通人使用的一种炊具，最终消失了；而鼎后来成为一种神秘、高贵的祭祀容器，甚至成为君主及国家权力的象征。

王雪纯：“鼎和鬲这两种器物其实是非常相似的，甚至可以说它们是同类，只不过鬲的3足是空心的，而鼎是实心的，但是两者后来的命运却大不相同。鼎一直被延续到现在，把它作为威严或权力的象征，作为一种装饰物，可是鬲却只能在图片中、在博物馆里才能见到它。除此以外，我们就只能在延用下来的一些文字，比如隔离的‘隔’、金融的“融”字看到鬲，再有，就是一直沿用下来的烹饪习惯——蒸。”

(费燕)

NO.5 古车留痕
GU CHE LIU HEN

制作完成的古车模型

王存槐是一名退休职工，当年在职时因工作需要他做过一些模具，现在，他尝试着要制作出古车模型。他制作的每一个古车模型，都基本保持了原车结构，按原尺寸微缩而成。如果拉车的马也能等比例缩小，这辆车立刻就可以出发。

王雪纯："车这个字在现代词典里的解释是：陆地上有轮子的运输

仔细地研究古车

古车制作的技术

古车模型制作者王存槐

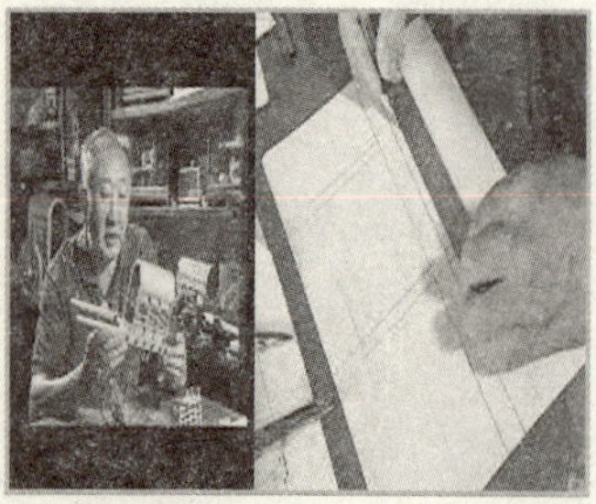
交流制作的过程

工具。因此轮子就成为车的重点，在有车之前，人们搬运一些很重的东西就要靠肩扛、手提，非常吃力，后来人们很偶然地发现，把重物放在圆木上滚着走或者拖着走，可以省很多力气，这样就有了最早的木轮运输。一开始车的车轮是实心的，后来人们又发现车轮子的直径越大，速度就越快，于是又逐渐出现了有轴的空心轮子。古车的轮子，每一部分都有各自的名称，车辖、车毂、车辐等等，但要想真正了解古车，还应该看看古车模型。”

在王存槐看来，制作古车模型就是一个了解古代造车技术、古代车发展历史和中国车文化的过程。

王存槐：“一开始做车模的时候，觉得很简单，以为会木工活就行。可是在制作过程中才发现远不是想象的那样。古车的历史久远，文化积淀深厚，只有掌握相关历史文化，了解古车的来龙去脉，才能准确地复制出古车的本来面目。”

由于年代久远，早期古车的复原只能靠泥土中车型的痕迹和书中的记载。中国古代最早的车辆，主要是战车和行猎车，这是因为古时候在人们生活中，打仗和狩猎是最重要的事

泥土中的车痕

情。车的象形描述可以在甲骨文和金文中看到，这个字形中包含了双轮、车厢、车的单辕。辕前的横木称为衡。“车”字中甚至标出了套在马脖子上的夹板，也就是车上的轭。

古代的造车技术在《考工记》中有详细的记载，清华大学古文献研究所的戴吾三依照《考工记》编著了《考工记图说》，其中的“聚工制车”用图示表现了古代造车、特别是制作车轮的工艺和技术。不仅如此，他还对中国古代车的发展历史进行了一番探究：

根据古文献记载，有黄帝制车和奚仲制车两种说法。尽管说法有差别，但都可以追溯至夏代，在4 000年的发展史中，车经过了一个由简单到复杂、从低级到高级的过程。车主要由3部分组成，车轮、车厢和车辕，在这3个部分中，车轮的制作技术最为复杂。可以这样说，早期车辆的制作技术主要表现在车轮上，这一点王存槐在制作古车模的过程中深有体会。

车轮是由车网、车辐、车毂里面穿轴，车网由一块一块木头单独做出来，然后拼接起来，为九网十八辐，每一块网上有两个辐条，连接车网和车毂，支撑着全车的重量，轱辘、车才能全部运转起来。

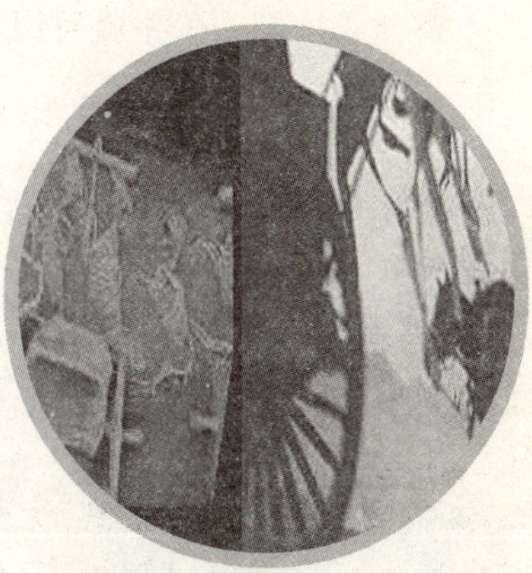

古车的作用

古车的车厢大都是长方形，门开在后方，可能是为了方便上下车。

甲骨文中的车字

解释

考工记

王存槐的战车模型是按照大堡台博物馆的汉代战车复原模型制作的，它是汉代以前的主要车型——单辕车。这种车车顶的形状是有严格规定的：圆形顶是皇子乘的车，方形顶是皇太子乘的车。一般情况下出行，王者坐在中间，驾车的驭手在两边。单辕车对驾车的技术要求很高，协调不好就会翻车。

戴吾三："秦汉时的车主要是单辕车，这种车的特点是至少要由两匹马或者四匹马来驾驶才能保持稳定，对牵引和操作的要求特别高，驭手必须要按照一定的指令协调这几匹马左右转。后来随着车战逐渐退出历史舞台，单辕车也慢慢地消失了，取而代之的是双辕车。双辕车只需要一匹马或一头牛就可以驾驶，对技术的要求就大大降低了。"

王雪纯："由单辕车转化为双辕车，一方面是造车技术提高了，另一方面用我们现在的话来解释就是由军用转化为民用。车从战场走到民间，走到街巷当中，开始用来运送人、拉货物。车最早用于打猎和战争，在场面上始终都是轰轰

查找资料

进行研究

烈烈的，据说汉朝有一个皇帝，由于厌恶车轮发出的轰轰声，就下令把车轮都撤掉，让仆人抬着轿厢部分走，这样就演化出了轿子，在中国民间使用了很长时间。”

中国古代的“轿车”指用骡马拉的轿子，现在人们对轿车的称呼可能就是由此演化而来的。古车的制造技术和车型不断地改进、完善，但因为在驱动方式上没有根本改变，所以古代车辆的制造在达到鼎盛期后，一度停滞不前。

❑ 古车的演变过程

戴吾三：“古代车没有发动机，主要靠马来牵引，这种车的特点就是轮转轴不转。而现在的车靠发动机带动轴，轴又驱动轮转，古车是外在的动力，当然就是轮转轴不转了。”

❑ 战车的模型

既然在驱动方式上一时没什么再发展的余地，装饰古车的外表就成了造车中一项重要的工作。车窗上开始出现细小的花纹，车上某些部位用金属做装饰，车辆变得结实又美观。过去造车的工匠都会做金属加工活，这样制作出的性能良好的古车，也相当于是一件精美的工艺品。

❑ 皇太子的专车

车轮滚滚，推动人类文明的进程。在轮子的转动中不断地出现更新的事物，也形成了我国独有的“车”文化。

王雪纯：“中国象棋里棋子‘车（jū）’是用来冲锋陷阵的，这也代表着人们对车的最初认识。车的读音过去一直都是这样读的，一直到唐

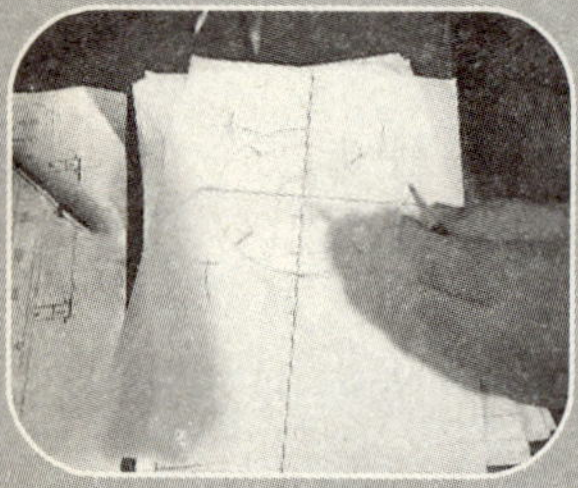

制作方法

转动中的车轮

精心雕刻

重要的部分

代才变为我们现在这个车（chē）的读音。随着车的广泛使用，不仅很多交通工具叫车，一些带轮子的东西也被叫做车，比如水车、纺车、车床等等，这些东西与交通工具没什么关系，只是因为轮子的缘故，所以它们的名称中有了“车”字。轮子对古车来说是最重要、精华的部分，车轮上的很多部件，不仅在技术层面上逐渐进步，也渗入到其他文化层面里。比如车轮上的车辖，由辖字能联想到管辖、辖区、辖制等很多词汇，这些都来自于车轮上这样一个最小的，但同时也是最重要的部分。”

王存槐：“车辖，也有人叫它车销子，虽然它的部件很小，作用却非常大，它承载着整辆车的运转。一辆车没有车棚可以走，没有车厢也可以走，但是没有车辖轱辘就会脱落出来，就没法运转了。”

现在，王存槐已经做出了大大小小十几辆车模，他想让自己的古代车模形成一个方阵，同时他也没忘了再做上几件其他的“有轮之物”。制作这些模型的过程给王存槐带来不少乐趣，其中最重要的是他越来越多地了解了中国历史，对中国古代机械技术的发展也有了新的认知。无论是走街串巷的送水车，沿街叫卖的流动食品车，还是水车、纺车，

当场示范

都寄托着他对过去的情怀。王存槐希望可以复制出更多的古代车模，让后世的人们可以真真切切地看到祖先留下的东西。现在王存槐的儿子在工作之余也开始学着做古代车模。过去的许多东西都是靠这样代代相承走到了今天，而且还会继续走下去。

王雪纯："车轮的转动就像是一种比喻，比喻事物在不断的发展之中是通过一种轮回的方式在演变。比如最早的车轮是实心的，后来发展出有辐条的车轮，可现在有的自行车赛车为了减少阻力，使用新的材料再次做成实心轮子，又轮回回去了。当然不是所有的事情都会产生这样的轮回，比如古时候的人乘车不是坐在车上而是站在车里，而且还要站得很有风度，这件事是不是也会轮回到原来的起点，等日后就会知道了。"

(费燕)

各式各样的古车

NO.6 “权衡”说衡器的由来

QUAN HENG SHUO HENG QI DE YOU LAI

主讲人：江晓源、李山

权衡——现在常用于衡量、考虑的意思，是一个意识领域中的抽象概念。但是如果探究“权衡”之词的本义，最初却是一种称量重量的器具名称。

江晓原：“在日常说话中，常用到权衡这两个字，比如权衡利弊。现在人们已经不太了解这两个字的最初含义了，实际上权和衡都是古代的称重量器。"

李山："权实际上就是秤砣，衡就是秤杆。有一种很精致的秤，也叫等子，在这个秤里权可以变、可以动。"

江晓原："所以现在也说权变。"

李山："权变和权术，往坏的方面说是权诈，通权达变。而衡则一定要平稳、准确。"

物理学中的杠杆原理在中国的典型发展便是秤的发明和它的广泛应用。如果在一根杠杆上安装吊绳作为支点，一端挂上被称的重物，另一端挂上重量已知的砝码或秤锤，两边的力臂相等，也就是杠杆平衡时，物体的重量就等于砝码的重量。这很像现在的天平。中国古人很早便掌握了这种方法，并把它称为"权衡"或"衡器"。那时就有"权其轻重"或是"衡其轻重"的说法，由于称重量时，秤锤和秤杆要配合在一起使用，所以，人们习惯称作"权衡"。

李山："中国古代的宰相也叫衡，比如商代的宰相彝引就有一个名字叫阿衡。"

江晓原："庾信的《哀江南赋》里写道'宰衡以清谈为庙略'，这里的宰衡就指宰相。"

李山："陈平年轻的时候很穷，祭祀完了以后给大家分肉，他不用秤量，也不用尺子就能

等子

原始秆的力学分析图

古人用秤

冶炼炉

青铜器

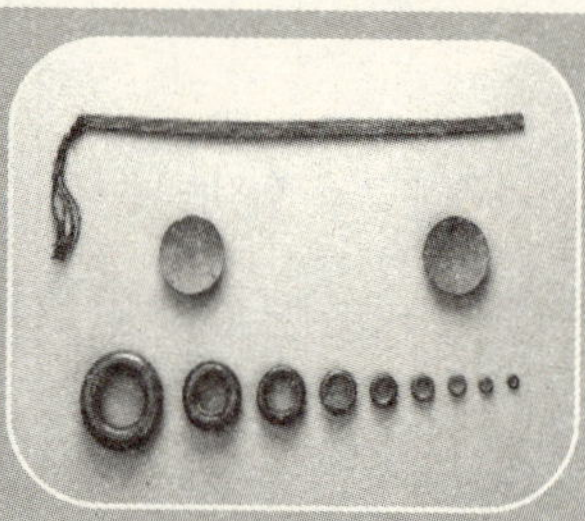

战国楚权衡

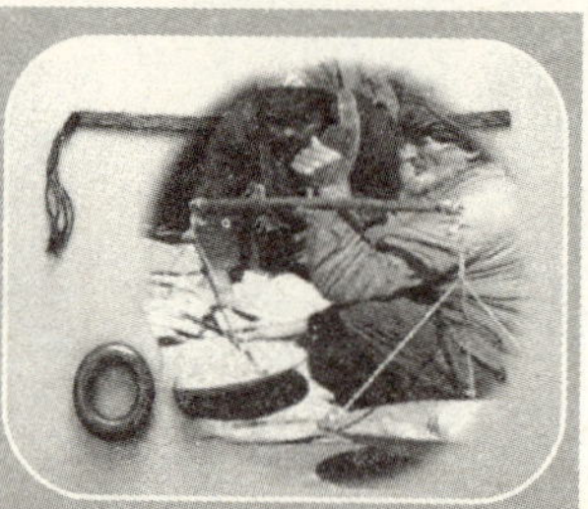

现代人使用等臂秤

分得很均匀，所以宰相一定要公平。”

江晓原：“现在常说平衡，平衡也跟称量有关，在古埃及的纸草书里，就描绘了一个像天平一样的东西。”

李山：“这是用来称良心的。”

江晓原：“古埃及有一个神专门司掌天平，任何人死了以后，都要把他的良心拿到天平上去称量，良心坏的要入地狱。中国古代有没有类似古埃及天平的器具呢？”

李山：“有的。据史书记载，古代有了市以后，就出现了交换的公平性问题，这就需要一个尺度，所以秤自然而然就出现了。”

权和衡是产生于什么时间，目前还没有定论。专家们推论，商代时青铜铸造技术逐步成熟，在铸造过程中可能已经应用了权和衡，用于称

杆秤

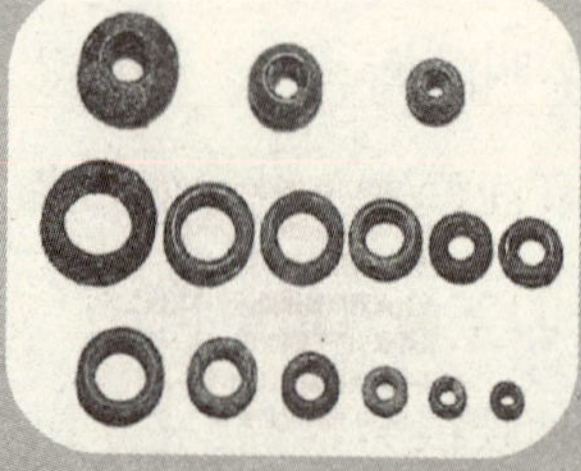

秦汉铜环权

西汉铁权

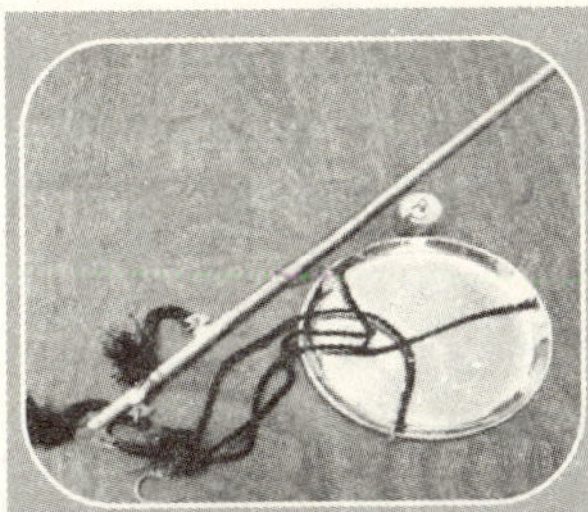
等子

戥砣上的图案

元代动物秤砣

重不同金属配比的重量。

目前发现年代最早的、最完整的实物，是在湖南战国时期楚墓中出土的一套权衡器。这套权衡器包括一件木衡杆和九枚环形权，权由青铜铸造，大的如儿童玩具车上的轮子，小的如耳环般细微。衡杆上没有刻度，中心有一个提钮，两边各挂一个铜盘，是一个等臂秤，使用方法类似今天的等臂天平。可见早在春秋时期我国可能就已经使用权衡了，而这种量器在有些地方至今还被使用着。

由于衡杆大多是用木头制作的，在墓穴中不易保留，所以只能通过大量权和砣的文物，来推测我国秤的发展。考古发现证明，战国时期已经开始使用杆秤，并配以铜权。西汉时出现了铁权。精密戥秤也叫等子，最初是北宋刘承桂创造的。在出土的这些小戥砣上雕刻着一些诗句和一

现代台秤

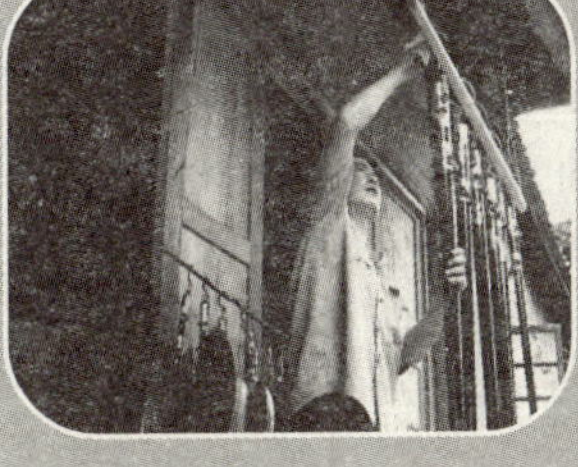
现代做秤人

选料

些生动逼真的山水人物图，给人以艺术的享受，也可见它的珍贵。元代出现了动物造型的秤砣，上面还加铸了一个又粗又重的大铁环，这种形状其寓意如何，耐人寻味。

到了今天我们用于称重的已不仅仅是传统的杆秤，更多的恐怕要数电子类的秤，这就更让人们难以体验“权衡”的存在了。

李山：“秤从等臂向不等臂发展，这是中国特色。直到今天，有些农村地区做买卖还在使用秤杆。秤有小秤和大秤，称量体重较大的物体时，比如称一头猪的重量，就用两杆秤，一个秤在头，一个秤在尾，这种农村的土办法可以称出大体的重量。”

修整

江晓原：“弹簧秤、磅秤则是从西方传来的。”

李山：“弹簧秤利用的是弹力，不属于权衡杠杆这一类。秤这种东西一定要公平、信任，所以它特别讲究可靠性。”

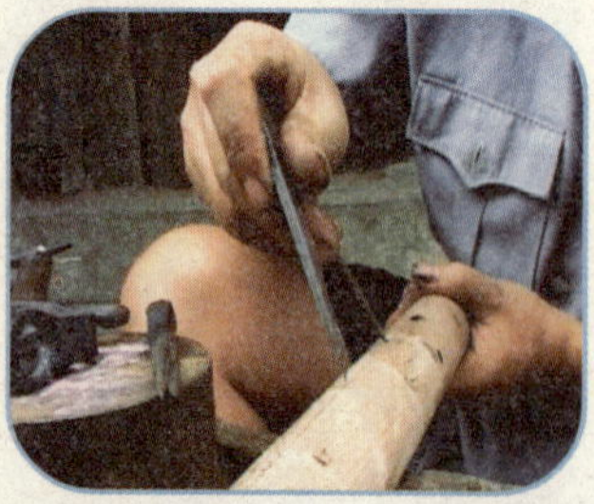

分度尺

秤作为民间的一个度量衡用品，在中国已经存在几千年了。区别于其他的手工生产，做秤最重要的一点就是准确精密。做秤人的手艺，一般都是从上辈人那里，通过口传心授学来的。另外他们还都严格遵守着做秤这个职业的操守。他们认为做秤最重要的就是公平。

制作秤的过程，工序繁多，做一把秤要整整150道工序。

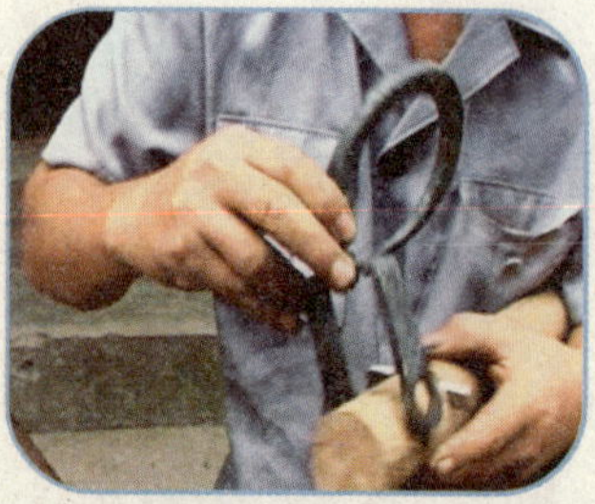

挂秤钩

首先要将选好的木料进行修整，然后用分

钻孔1

度尺划分刻度，不同间距的分度尺决定了不同的刻度单位；再测出准星的位置，把秤钩挂上；接下来要在秤杆上钻孔，无论大小秤杆，都要打上上百个孔。打星点，指的就是把铜丝打进事先钻好的准星的位置。

做秤的人给秤杆刷漆，从来都不用刷子，因为刷子刷的漆比较厚，这样秤杆上的星点就显示不出来了。

做秤的最后一步，是给秤包铁皮，当铁皮包好后，一把秤就算大功告成了。

由于考虑到市场的公平，近年来国家提倡使用电子秤，照说杆秤应该已经不常见了，但是由于这种杆秤携带起来非常方便，所以在很多市场，特别是很多农村的集市上，使用还是相当普遍的。当然现在的民间工匠们做秤，无论是刻度还是重量，都是完全按照国家的度量标准进行，并定期授受检查。

李山：“中国历来对度量都给予了高度重视，《礼记》里记载，每年的春分、秋分都要对秤重新衡定，就是要用标准化的刻度来衡量这些度量。”

江晓原：“对衡器进行的检验，是由官方组织的。”

李山：“而选择春分和秋分来重新衡定，是因为这一天昼夜齐平，取齐平的喻意。”

钻孔2

打星点1

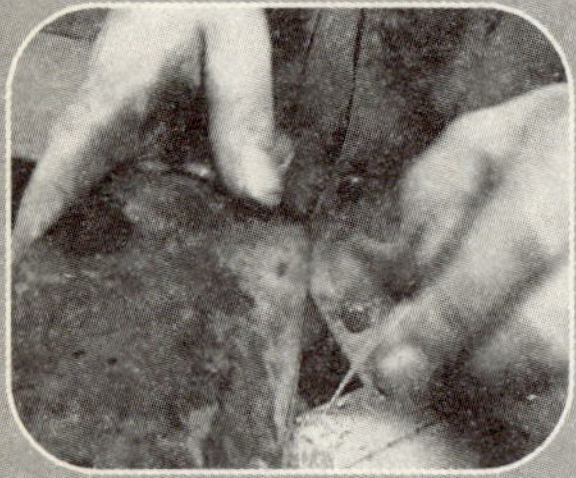
打星点2

用手刷漆

江晓原:“这是象征性的意义。官方到了春、秋分的日子，要对市场上商人们的秤进行检验。”

李山:“另外还要公布标准器物,或者标准度量。像秦始皇要统一度量衡，这与‘车同轨、书同文’是一样的。

“在整个中国政治思想中驾驭群臣的黄老之学,就特别讲究立权衡法度。立权衡法度实际涉及到一个长官跟民众接触的时候的公平性,有了这种权衡法度,公布标准器的定量,就不可以向民众多收取物品了。”

江晓原：“但是这种标准并不是持之以恒的，而会产生变更，所以就有了权变一说。”

李山：“权是可变的，就像一杆秤有十几个不等量的环，所以权带有一种变的色彩。”

江晓原：“虽然权衡这个词汇在现代汉语里已经有了新的词义，但是如果追根溯源,对权和衡的来源有了了解之后,可以增加人们维护自己权利的意识。”

李山：“不过权衡在人们生活中还是多指要慎重处置眼前利益、大小利益的意思。”

(秦雪竹)

包铁皮

NO.7 走入家庭的微波炉

ZOU RU JIA TING DE WEI BO LU

微波炉

战争破坏我们幸福生活的同时，也在推动着科技的进步。一件我们今天常用的家用电器，却是来自于战争的副产品，它就是——微波炉。

王雪纯：“现代厨房里有一样东西，它的位置非常重要，几乎家家都有这样东西，这就是微波炉。”

王知：“过去人们做饭用的是炉灶，用明火，现在改用微波炉了，用微波炉做饭做菜不仅方便、干净，而且味道也好。”

王雪纯：“微波炉主要都有什么用途呢?”

王知：“一个是做鱼做肉，第二个，也是非常重要的一点，就是加热剩饭剩菜，第三个是把冰箱里冷冻的东西化冻。”

之所以叫微波炉，是因为它的加热原理是使用微波。但是什么是微波呢?

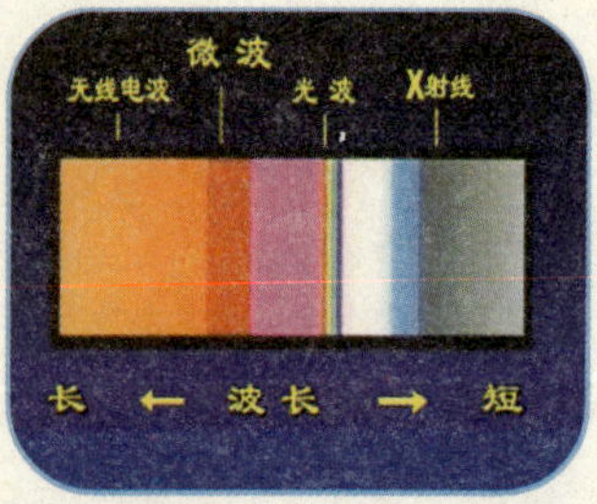

电磁辐射光谱

微波通讯示意

雷达

微波是一种波长很短，而频率却很高的电磁波。同无线电波、光波、X射线一样，微波也是电磁辐射光谱的一部分。微波有很多特性，首先它可以像手电筒的光一样，聚焦成强光束，便于信号接收。但是由于微波在空间传播时很容易被障碍物反射，所以在远距离传播时常要借助于中间站。不过微波却可以穿透地球的大气层，这是其他电磁波所不能达到的。雷达正是利用了微波的这两个特性来进行工作的。第二次世界大战期间由于雷达对战争的发展起着重大作用，人们对微波的研究也就更加深入。

王知：“说到底，微波炉是一个名副其实的战争副产品。1940年，英国集中了一批专家研究雷达以对付德国的空军，其中兰德尔和布特两人主要从事磁控管的研究，在研究磁控管的过程中，有一位科学家发现衣袋里有一块泡泡糖化了，他认为这件事一定和某种波存在关系。

早期微波炉

煮玉米

搓手

于是，就留下了一个疑问。”

王雪纯：“这位科学家想到了是某种波导致的这一现象，但是他没有找到明确的答案。无独有偶，同样的事情也发生在美国。美国有一家重量级的军工企业雷神公司，也是最早制造磁控管的企业之一，1945年的一天，公司一位叫斯班瑟的工程师偶然在用磁控管做实验的时候，发现自己衬衣的胸前渗出一块黑红色，好像是血迹的东西，把他和同事们都吓了一跳。仔细检查才发现，原来是斯班瑟在上衣兜里放了一块巧克力，实验过程中不知道什么原因，这块巧克力熔化了。”

王知：“斯班瑟是个有心人，回家以后他一直琢磨这件事，他认为巧克力的熔化与自己研究的微波有关。”

王雪纯：“斯班瑟就是通过这个现象，发现磁控管产生的微波通过辐射能够产生热，此后，斯班瑟按照这个发明，进行了一系列实验，果然他再次用磁控管熔化了巧克力，证实自己的猜想。不仅如此，他还通过实验用玉米粒做出爆米花了。在用鸡蛋做实验时，他发现不但鸡蛋熟了，而且鸡蛋壳还爆裂开了。”

王知：“利用磁控管技术，雷神公司于1947年生产出了世界上第一台民用微波炉。”

王雪纯："可是那个微波炉太大了，比现在最大的滚筒洗衣机还要大，对于普通家庭来说简直没法承受。所以又经过了许多年的研制，终于出现了适合现代家庭用的、体积较小、价格也较便宜的微波炉。"

火苗

王知："又过了7年，1954年第一台家用的微波炉被正式生产出来，随后它又经历了一个漫长的发展阶段，到20世纪80年代的时候，西方国家家庭已经很普及了。"

王雪纯："那时我国的微波炉生产刚刚起步，而且主要用于出口，国内使用并不多。"

王知："直到20世纪90年代初期，我国的微波炉生产才真正崛起，生产数量也由一年50万台迅速地增长到200万台。到20世纪90年代末，国内知名的微波炉品牌达50多个，一年能生产1 200万台微波炉。"

要想把食物做熟，首先就要给食物加热，而这种热是由摩擦产生的。人们搓手的时候就会有这种体验，搓手的速度越快，手就会越热。加热食物也不例外，就是要使食物内的分子快速振动就可以达到加热食物的目的，这相当于快速摩擦。

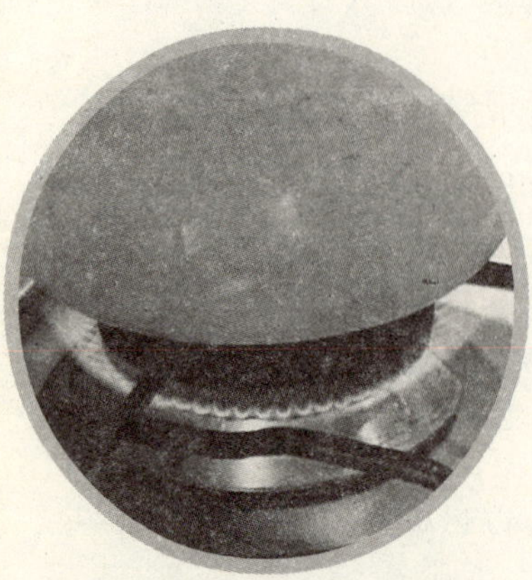

加热容器

用传统的方法加热，要通过火的热量使得盛食物的容器中的原子快速振动，这些振动产生摩擦，摩擦再产生热量，容器热了以后，再把热传给水，使水分子活跃，产生摩擦，变得越来越热。同样的道理，水使得食物表面的分子先热起来，接着才会慢慢热透。

与传统方式不同，微波炉并不能给所有的物质加热，能否加热与物质的分子结构有关。以食物中的水分子为例，水分子是由一个氧原子O和两个氢原子H组成的，它们的组合角度约为105度，而氢和氧之间又有电极之分，这时如果将水分子放在一个变化的电磁场中，分子的运动就会发生变化，使水分子发生振动，也就是产生了摩擦运动。由于微波的变化频率大约是每秒25亿次，因此水也会以同样的频率产生振动，可以想象这种摩擦运动会非常剧烈。微波的这种效应也能作用于食物中的脂肪和糖分子。

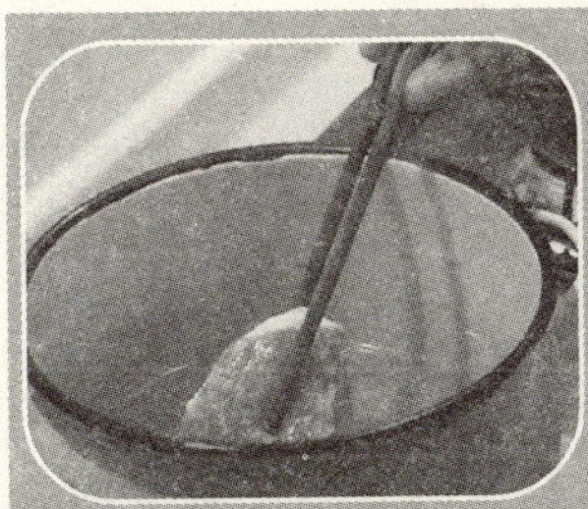

❑ 将肉放入容器

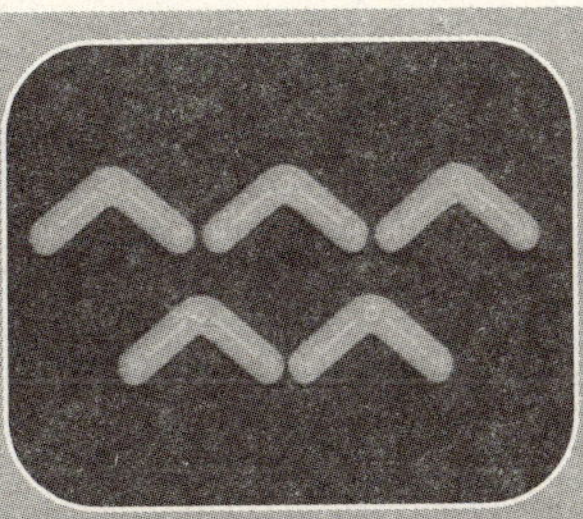

❑ 水的分子结构

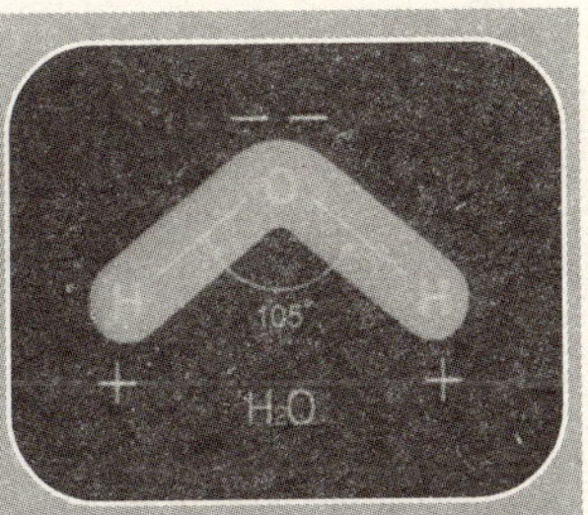

❑ 水分子的夹角与电极示意

在使用微波炉加热的过程中，磁控管以特定频率产生微波，炉内有一种特制的扇子使微波分散，从四面八方穿透食物，使食物中的水分子快速振动产生摩擦，而摩擦产生的热则用于烹饪食物。由于微波炉是直接加热，不再像传统方法那样需要一层一层地将热量慢慢地传递给食物，所以速度要快很多。

王知：“微波炉被列为20世纪伟大的发明之一。”

王雪纯：“但是对于微波炉的使用，人们的看法褒贬不一，各不相

❑ 传统加热的食品是从外向里

❑ 放入微波炉中的一杯水与一块锡纸包裹的冰

同，有的人认为微波炉使用方便，也有人认为微波会产生辐射，损害人体健康。”

王知：“事实上微波炉还是非常安全的。在安全性方面，我国有和国际标准完全一致的强制性标准，保证了家用微波炉的安全和可靠。”

王雪纯：“美国威斯康辛大学的一位教授，用了20多年时间研究微波辐射对人体和小动物的影响，他发现，小动物在微波室里显得比较兴奋，比在外面的时候要兴奋；人的感觉就同在阳光明媚的户外差不多。他在实验记录中写道，虽然微波和我们所知的X射线、γ射线相似，但是它的量子能量与X射线和γ射线比，相差数百万倍，因此它对人体健康是没有影响的。微波杀死细胞的惟一方式，就是产生热使细胞最后被热死，但是因为微波放射的能量不高，所以对人体是无害的。”

王知：“并不是所有的东西都可以放在微波炉里加热，凡是金属类的东西就不行。”

王雪纯：“碗上有金边、金丝都不行。”

❑ 加热后的水和未融化的冰

微波炉里不能用金属器皿装食物，这是因为金属能够反射微波，造成食物烹饪不熟。有人做过实验，将一块冰包在铝箔里，和一杯水一起放入微波炉，加热几分钟后，水已经很热了，可是冰由于用金属箔包着，甚至还没有融化成水。

王雪纯："这是关于微波炉所使用的配套器具的问题，还有许多微波炉的安全提示，比如微波炉空转对炉子损坏很大；微波炉用电量比较大，最好单独用一个插头；煮食物的时候，带壳的或者密封的、罐装的东西，不能在密封状态下放到微波炉里去，这种情况有可能把整个微波炉的门炸掉，会伤害到人，造成严重事故。"

王知："你知道微波炉哪个地方的能量最大吗？"

王雪纯："有人说微波炉是从食物的中间开始加热的，是这样吗？"

王知："有科学家做过一个实验，他用爆米花在微波炉里各个地方爆，最后画出一张图片，他发现微波炉能量最大的地方，既不是微波炉的中心，也不是微波炉的炉壁，竟然是在微波炉里一个像小小的蘑菇云状的地方。"

（秦雪竹）

NO.8 冰箱的故事

BING XIANG DE GU SHI

冰鉴全景

一到夏日，冰箱就成了人们离不开的一件家用电器。然而在没有电的年代里，冰箱就已经为人们所用，在中国古代冰箱被叫做冰鉴。而现代意义上的冰箱最初也不是用电的。那么冰箱是如何而来的？又将如何发展呢？

王雪纯："天气一天比一天热，用到冰箱的时候也一天比一天多。很

冰鉴上方的小盖子

多人夏天喜欢用冷冻室做冰块，喝水的时候放一些冰进去特别舒服。”

王知：“夏天吃冷饮在中国有着悠久的历史。”

王雪纯：“事实上，早在现代冰箱发明以前，中国人就已经开始制作并食用冷饮了。”

王知：“《周礼》中记载，早在西周时候，中国就发明了有一种叫冰鉴的东西，就是在一个盒子里放入很多冰块，把要冷却的东西塞在冰块里面，从而达到防腐和保鲜的作用。”

片头的图片就是铜制的冰鉴，是战国时期的一件冰酒的器皿，1977年出土于湖北曾侯乙墓中。冰鉴的正上方是一个带4个提梁的小盖子，盖子下面是一个盛酒的青铜容器，需要冰的酒就放在这个容器里。容器与冰鉴的外壁之间有一个很大的空间，当夏天冰酒的时候，就把冬天存下来的冰打碎后放到这个空间里。当然也可以加入温水，冬天时用来温酒。

冰鉴的外形为方形，它的4个面和4个角一共有8个龙耳，这些龙的尾部都有小龙缠绕，还有两朵五瓣的小花点缀其上。铜冰鉴的4足是4只动感很强、稳健有力的龙首兽身的怪兽。看起来好像正在努力向上支撑铜冰鉴的全部重量。与冰鉴相配的还有一把精美的盛酒用的勺子，柄上的花纹不仅是装饰还可以防滑，顶上的环洞便于将勺子悬挂起来。

冰鉴内部容器

在中国古代，人们喜欢温酒，因为温酒

冰鉴剖面示意图

提梁

龙耳

冰鉴与勺

不伤脾胃。但是到了夏季也非常讲究喝冷酒，因为冷酒可以避暑。而出土于曾侯乙墓的这件铜冰鉴就是证明，它是迄今为止世界上发现最早的冰箱。

清代的掐丝珐琅冰鉴，上部较大底部较小，底部的一角有一个圆孔，用于冰融化之后排水。冰鉴上部的盖子边缘采用镀金，刻有“大清乾隆御制”的字样。

与清代的掐丝珐琅冰鉴相似的还有纯木结构的“冰鉴”，它的腰部上下箍有两圈铜箍。箱子两侧装置有铜环便于搬运，箱口覆盖两块对拼的硬木盖板，板上镂雕着钱形小孔，可以散发冷气，调节箱内温度。

王雪纯：“古人采用自然冰来制冷，就地取材，但是自然冰的收集和保存都是很困难的事情，尤其是保存，除非有条件把冰深埋在地下，否则的话，等不到夏天冰就没了。”

王知：“这实际上是人工制冷的原理，这就不能不提及一位名人的名字——法拉第。1822年，法拉第发现有些气体在经过压缩的时候可以变成液体，而这种液体在汽化的过程中，吸收大量的热量，也就等于在给周围制冷。又过了12年，1834年的时候，有一位68

冰鉴的足部

岁的老科学家叫珀金斯，他申请了压缩机的专利，从此，人类采用这种办法进行人工制冰，而且还开始用人工的办法来制作冰箱。事实上，最早的冰箱正是利用了法拉第的制冷原理，只是那时主要用机械办法，用一个很大的地方进行压缩，把气体压缩成液体，然后传输到食盒，再让液体汽化蒸发，食盒就变成了冰箱。”

王雪纯：“当时这种装置主要用在长途运输中给食物保鲜。1876年，第一艘用氨来制冷的冷藏船被研制出来，当时装了一船的羊肉从悉尼港出发，准备将这些冷藏的羊肉运到别的地方，结果刚起航，冷藏设备就坏了，所有的羊肉都臭了。但是研制的人没有灰心，他们对冷藏设备进行改进，3年以后又制造出一艘新的冷藏船。这一次他们装了40吨牛羊肉，从悉尼港出发到伦敦，经历了几个月的航程，到伦敦打开船舱，发现所有的牛羊肉还冻得硬邦邦的。这次的研制终于成功了。”

王知：“20世纪初，经过科学家们的不懈研究，在第一次世界大战期间，一些体积相对比较小、有商用价值的冰箱开始生产了。”

清代掐丝珐琅冰鉴

王雪纯：“1923年，两个瑞典工程师真正发明了世界上第一台电冰箱，并申请了专利。他们发明的冰箱利用电动机带动压缩机，美国人购买了他们的专利，两年以后开始大量生产。这就是世界上第一批电冰箱。”

电冰箱的工作基于两个物理学原理，一个是当物体由液态转变为气态时，要吸收大量的热。另一个是在温度不变的情况下，一定的高压会使气体变为液体，同时释放大量的热。

电冰箱的制冷过程是这样的：电冰箱里有一条管道，一部分在冰箱内，一部分在冰箱外。管道里填充有制冷剂，制冷剂在低温状态下会产生汽化。管道底部有一个泵，也就是我们常说的压缩机，促使制冷剂在管道里循环。管道上面有一个狭窄的小孔，使制冷剂不易通过。在压缩机和小孔的作用下，外管道的压力增加，制冷剂由气态变为液态，同时散出大量的热。冰箱后面的这些黑色金属片就是起散热作用，而当制冷剂通过小孔进入内管道时，由于压力减小，液体又变为气体并且会吸收电冰箱里的热，使冰箱内的温度降低，达到冷冻的效果。

王知：“自从世界上第一批电冰箱问世以后，电冰箱迅速在世界各地得到广泛应用，因为它对人类的生产、生活实在太重要了。不过当时的电冰箱仍然存在许多不足之处，比较突出的一点是，当时采用的制冷剂中很多都含有有毒元素，例如氨气和硫酸。人们经过反复探

纯木结构冰鉴

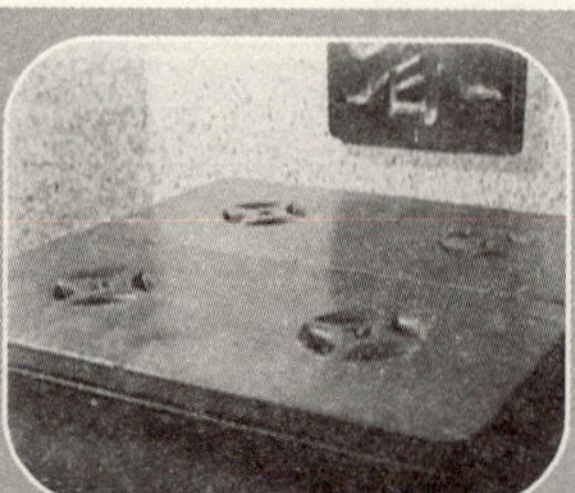
盖板上的钱形小孔

旧冰箱

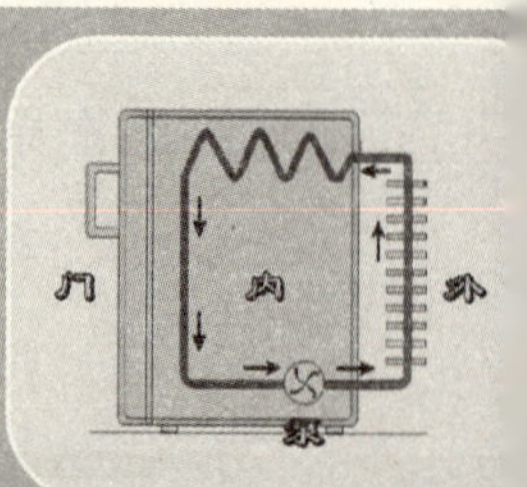

现代冰箱结构示意图

索，最终找到了一种安全可靠的物质，就是氟利昂，这种制冷剂一直沿用到今天。”

王雪纯：“可是氟利昂也不是完全没有缺点，空调、电冰箱内大量的氟利昂泄漏，破坏了大气层中的臭氧层，有些地方臭氧层的空洞甚至达到直径几十千米，导致紫外线照射过强，造成许多人得皮肤病，甚至是皮肤癌，同时还造成巨大的环境问题。针对这一点，人类经过进一步研究，研制出一种无氟冰箱，也叫绿色冰箱，现在市场上卖的基本上都是这种无氟冰箱。”

在我们享受明媚的阳光时，是否想到生活在南美洲最南端的人们却要用厚厚的衣帽、手套，甚至雨伞来遮挡阳光。地球的臭氧层在南极上空形成一个比我国领土面积还大两倍半的空洞。这主要是因为人类在工业发展的过程中，使用了大量消耗臭氧层的物质。这些物质中与我们生活关系比较密切的是氟利昂，广泛应用于电冰箱、汽车空调、塑料等行业中。臭氧层的破坏会导致人类免疫力下降，皮肤癌和白内障发病率的上升，以及农作物的减产。

传统冰箱在生产过程中使用的制冷剂是氟利昂 12，即 CFC12；而制造保温层用的发泡剂使用的是氟利昂 11，即 CFC11。这两种氟利昂

冰箱泵的位置

❑ 冰箱后面的散热片

❑ 现代冰箱生产线

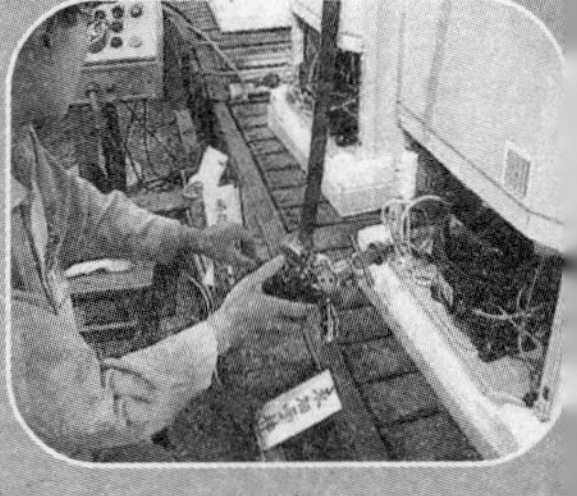
❑ 灌入制冷剂

都是破坏臭氧层，并产生一定温室效应的杀手。从20世纪70年代末开始，世界上科技先进的国家开始探索具有环保功能的制冷剂和发泡技术，而今天备受人们青睐的绿色无氟冰箱就是这一努力的结晶。

制冷剂是保证冰箱工作的重要物质。传统冰箱与环保冰箱的主要区别就在于通过压缩机灌入冰箱的制冷剂不同。其次在传统冰箱的发泡剂生产过程中，先将一些带有氟利昂11的物质进行搅拌，经过复杂的化学反应，发泡现象随之出现，同时向空中挥发大量氟利昂11。而环保冰箱在发泡剂生产过程中，由于采用了替代物质，所以不再向空中挥发氟利昂11，从而保护了臭氧层。

王知：“冰箱发展到今天，已经成为人类生活的必需品，冰箱给人类生活带来方便，可是，人们在使用冰箱的过程中也有担心，其中最令人头痛的问题就是停电。”

王雪纯：“紧急停电时可以采取一些应急措施，比如突然停电，应尽量不要打开电冰箱门，这样可以使冰箱保温的时间更长一些；如果有提前警告要停电，就可以提前做些冰块，把冰块放到冷藏室的最上层，停电以后虽然没有制冷装置在启动，但是靠那些冰块也可以维持一段时间。”

隔热层用的替代物质

王知：“这跟古老的冰鉴是一个原理。”

王雪纯：“万变不离其宗。”

王知：“使用冰箱时为了提高效率和省电，要特别注意除霜。现在有很多能够自动除霜的冰箱，但还有一些不能，千万不要小看这件事。”

王雪纯：“有一个简单的除霜办法：按照冰箱冷藏室的尺寸，剪一块稍厚一点的塑料薄膜，贴在冰箱会结霜的壁上，除霜的时候把那张薄膜掀起来一抖，霜就掉下来了，然后再换一张薄膜就行了。”

(秦雪竹)

CCTV

NO.9 火柴与火花

HUO CHAI YU HUO HUA

火把一样的火柴

火，带给人们光明与温暖。

一根小小的火柴，使人类从此将火种轻松地掌握在自己手中。

王雪纯：“过去有一个阶段人们把火柴叫洋火，认为火柴是一种舶来品。在一个叫坦普尔的美国人写的书《中国发明与发现的国度》里，认为最早的火柴是中国人发明的，时间是公元577年。”

王知："他的这种说法源自元末明初，一个叫陶宗仪的人写的一本书。据这本名叫《辍耕录》的书中记载，公元577年，也就是周建德6年，有人把松木削得像纸一样薄，在头上蘸了硫磺，当这个东西碰击到火星以后，它既可以发火，也可以自己燃烧，当时称这个东西叫发烛。"

王雪纯："古时候有一本叫《清异录》的书，里面有一段记载说到最早的取火用具，为了方便人们起夜点火，有人把成批的木条蘸上硫磺备用，要用的时候就拿一根木条靠近火种，木条遇到一点火星一下子就着了，火焰就像小谷穗一样，明亮耀眼。当时这个东西被称为'引光奴'，然后当它作成商品开始出售的时候，又有了另外一个名字叫'火寸'。"

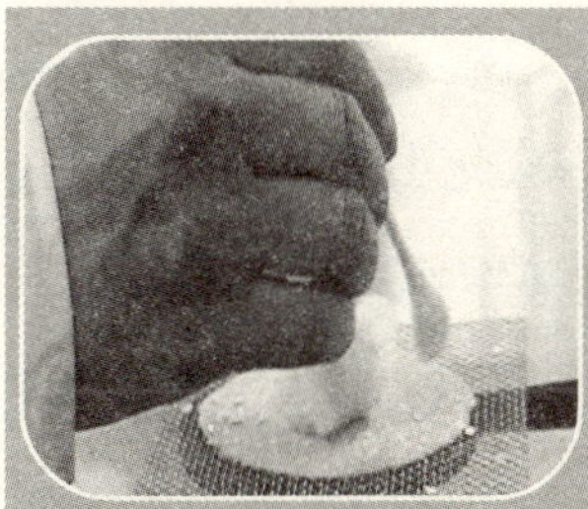
沾有氯酸钾的棉花

滴浓硫酸

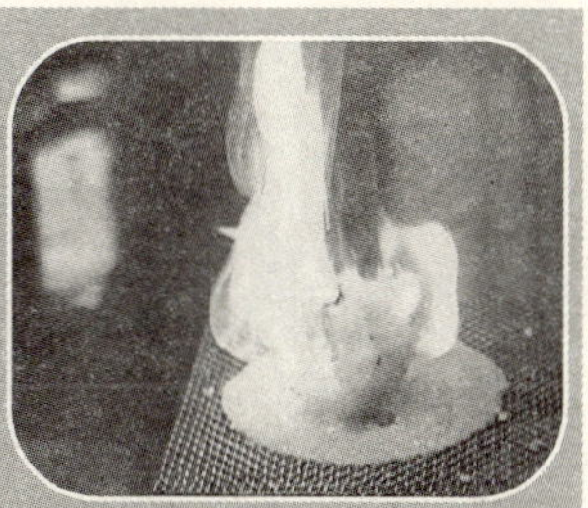
棉花产生的强烈反应

王知："这个就是最原始的火柴。"

王雪纯："坦普尔的书中写道，欧洲还没有火柴的时候，旅行到中国的欧洲商人把火寸和火寸的思路带回到欧洲，这大概是在马可·波罗时代。"

王知："民间流传着一个关于火柴的有趣的故事，意大利曾经做过一个巨大的可以自己燃烧的火柴。这个火柴很长，一头装着氯酸钾，另外一个容器里放的是浓硫酸，用大木锤一砸装浓硫酸的容器，氯酸钾既

约翰 · 沃克

成为商品的火柴

带有粗糙表面的火柴盒

带有粗糙表面的青花

发热又产生氧气，很快木材就燃烧起来了，就像一个大火把一样。”

火把一样的火柴，只是人们停留在实验室里的梦想。因为氯酸钾和浓硫酸的强烈反应非常危险，因此这样的火柴最终没有走出实验室。

1826年，英国药剂师约翰 · 沃克发明了摩擦火柴，并经过进一步完善将它变为了商品，迅速传播开来。

1833年，瑞典建立了世界上第一家火柴厂。从此出现了火柴工业，人类原始的取火时代随之结束。不过早期的火柴虽然外形上同现在差不多，但那时主要的原料是白磷。白磷的燃点很低，40℃便可能燃烧，只要找个粗糙的地方，轻轻一擦火柴就点燃了。当时中国的摩擦火柴还特制了专门放火柴的青花瓷，铜制的火柴盒上还有精心设计的摩擦的位置。

然而白磷不仅易燃，还有毒。那时候，有些制火柴的工人，由于吸入了白磷蒸气而中毒死亡。后来人们改用硫化磷来做火柴头，但是这种改进了的火柴在运输途中或者口袋里由于摩擦，还是可能点燃，酿成火灾，所以人们继续寻找。这个愿望终于在1855年由瑞典人实现了。新的原料选用无毒的红磷，它燃点高，携带安全，因此人们称之为安全火柴，也叫瑞典火柴。

安全火柴的火柴头上有氯酸钾和硫化物。在火柴盒外侧涂上红磷，

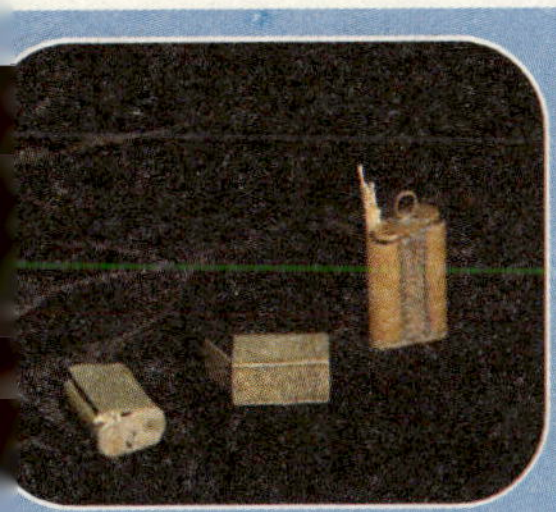
带有粗糙表面的铜制火柴盒

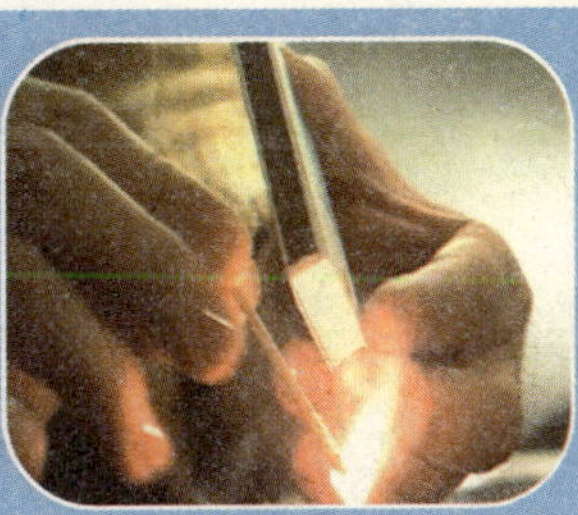
安全火柴的使用

安全火柴头

特种火柴

擦火柴时，火柴头蹭下的一丁点儿红磷，由于摩擦生热，达到着火点，就能产生火星。火星引起氯酸钾和硫化物发生反应使其燃烧得更旺。由于火柴头上没有磷，所以只要不是与火柴盒上的红磷摩擦，火柴就不会燃烧。

火柴头的主要成分是氧化剂、还原剂和黏合剂，为了使药头饱满，还要增加填充剂，要想减少吸潮性，就要对黏合剂进行一些处理，要加入一些红矾。

由于不同的配方会产生不同的效果，利用这一点人们又制造出各种特殊用途的火柴。而火柴不同的外部形式，又适应了不同的使用方法，如西方人常用的壁炉火柴，还有可以使用一万次的万次火柴。

万次火柴是一种现代意义上的火柴，形状与古时用的火镰很相似，但是它的构造和火柴是不一样的。万次火柴有一个柄，柄上面是金属，头部有一块钢，附近有一些矿物棉，底部容器里放入矿物油，就是燃料，侧面有一个火石条，利用击石取火的原理，通过撞击使它冒出火星，把矿物棉上面的矿物油点着以后，就可以用火，用过之后还可再放回去，反复使用。由于这种火柴使用的次数太多，相当于木梗火柴的一万多根，所以叫万次火柴。

王雪纯："有一个阶段火柴叫洋火，因为那段时间火柴基本上都是进口的。"

王知："1839年，英国向中国倾销鸦片，同时卖这种洋火。当时中国有一种洋奴思想，凡是沾着外国货就加一个洋字，火柴就叫洋火。"

王雪纯："在很长一段时间里，占领国内火柴市场的一直是瑞典和日本的火柴。"

王知："当时中国大量火柴都是从东洋进口的，这件事使很多中国人觉得不平，其中就有一个广东佛山人，叫卫省轩，他开始研究火柴，还亲自跑到日本去学习相关知识，回国后他办了一个巧明火柴厂。"

王雪纯："八路军在延安建立革命根据地的时候，受到日寇的疯狂围剿、扫荡和封锁，条件非常困难，八路军在陕甘宁边区制造出第一批红区的火柴，给这个火柴品牌命名为'丰足牌'，意喻丰衣足食。"

不论是中国早期的舞龙牌，还是抗日战争时期的丰足牌，中国民族的火柴工业走过的漫长历程中，有一位叫刘鸿生的英雄人物，他被人们称为"火柴大王"。

20世纪30年代他所建立的大中华火柴公司生产的美丽牌火柴风行20年，并改变了西洋以及东洋火柴独占中国市场的局面。

壁炉火柴

万次火柴

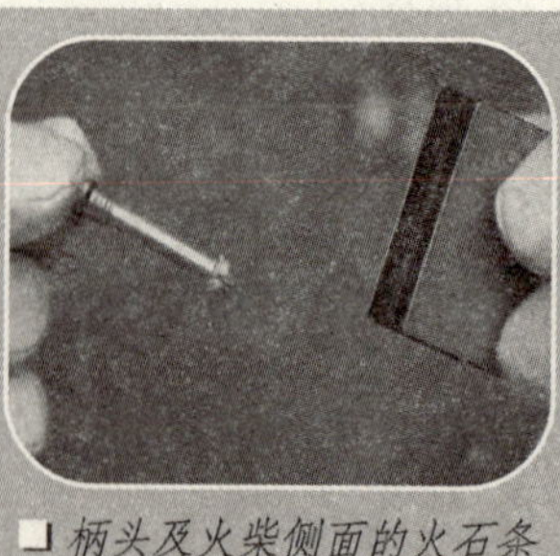
柄头及火柴侧面的火石条

火镰

王知："过去小男孩喜欢玩火柴就是拿手捏住火柴盒，用大拇指顶着火柴棍用力一弹，火柴就着了，而且还能弹得很远。"

王雪纯："女孩子们会拿火柴棍搭图案、拼图案，做一些智力游戏。"

王知："火柴用于娱乐和收藏的有一种东西就是火花。梅兰芳先生有一个非常难得的火花，是卓别林自己设计的火柴盒，画面是他自己演的大独裁者希特勒在玩地球仪，红磷从希特勒的屁股延续画下来，而每一根火柴棍都是一个小炸弹的样子，擦火柴的时候总要往希特勒的屁股上面画一下，有一种玩火者必自焚的感觉。"

王雪纯："还有一种很有趣的火柴。美国悬赏缉拿恐怖头目本·拉登时专门发行了一批火柴，火柴盒上面就写着悬赏缉拿本·拉登。有意思的是，美国政府悬赏的数额是500万美元，可是火柴盒上少写了一个零，变成了50万美元，这件事后来成了一个笑话。"

王知："搜集火花的人如果得到这些东西，都算是珍品了。"

火花实际上就是火柴盒上带商标的贴画，自从世界上有了第一盒商品火柴，也就有了第一种火花。早期的火花主要是起商标的标志作用，尔后由于生产厂家为了自身产品的宣传需要，火柴盒上的图案也就制作得越来越精美，所以火花后来就从单纯的商品包装，延伸为一种雅俗共

❑ 舞龙牌火花

❑ 丰足牌火花

❑ 刘鸿生

❑ 美丽牌火花

□ 火花组成的象棋

□ 书式火花

□ 慈禧火花

赏的艺术品。而且形式也发展成多种多样。

通过火花可以使人增长知识，了解历史。例如，晚清时期的火花可以让人们看到那个时期的生活。

由于越来越多的人开始收集火花，1958 年北京火柴厂首次推出成套的火花，使火花的收藏品种又多了一员。

如今收集火花也像集邮一样有着市场化的运作，我们很难预测火柴的未来，然而火花将同其他的收藏品一样留在人们的生活里，讲述着火柴的历史。

王雪纯："打火机出现后，火柴的使用变得越来越少。"

王知："但是研究火柴的也大有人在，并且研制出很多新的品种，如防水火柴、救生火柴等。这些特殊用途的火柴无论在生活中，还是劳作中，都有着它特殊的用途。"

(秦雪竹)

□ 晚清时期火花

NO.10 录音机与磁带

LU YIN JI YU CI DAI

留声机

王雪纯："伟大的发明家爱迪生一生中有1 000多项发明，1877年他的一项发明使他获得了'科学界的拿破仑'的美誉，那就是留声机。这是一个划时代的突破，它实现了人类长久以来想要保留住声音的美妙梦想。"

王知："爱迪生发明留声机以后，更多的人开始尝试用更完美的办

❑ 手摇唱机

法留住声音，其中有一个叫伯林纳的人发明了圆盘式唱片配套的留声机。1888年，当技术条件已经可以实现声音与电流之间的转换之后，另一位叫史密斯的科学家提出，一个电场在变化的时候会影响磁场的变化，钢丝能够完整地记录下磁场的变化，于是他想到首先要把声音变成电流，然后再由电流变成磁场记录到一条钢丝上，需要听到声音的时候就将这个程序反过来实施，由磁信号变成电信号，然后再变成声音信号。这就是后来出现的录音机的一个基本原理。”

王雪纯：“史密斯的想法非常好，但是不知道什么原因，他没有把这个想法付诸实践。直到10年之后，一位丹麦的专家波尔逊，他在史密斯提出的理论基础上真正研制出了世界上第一台磁性录音机，在后来的巴黎博览会上，他的这个磁性录音机一亮相，立刻获得全体观众的青睐，轰动一时。”

王知：“虽然磁性录音机在巴黎博览会上万众瞩目，但没有很快推广开，因为这个机器对钢丝的质量要求特别高，所以推广起来有很大困难。使磁性录音得到巨大发展的，是另外一项关键的科学技术的产生，这就是真空电子管的出现。它可以把声音转化成电流以后放大出去，使这项技术向前推进有了坚实的基础。在这方面有

❑ 磁性录音机 1

❑ 磁性录音机 2

一个叫马文的科学家对录音机的发展作出了巨大贡献。"

王雪纯："关于马文的这个发明还有一个小故事。马文有一位表兄特别爱唱歌，他非常希望能把自己的歌声录下来，和那些知名的音乐家比一比。可是那时候的唱片不能重复使用，而且录音的时间很短，很难实现他的这个想法。于是他找到马文，请他帮忙实现自己的想法。"

王知："于是马文开始关注录音机，他发现当时的录音机存在一个问题，就是钢丝和磁头之间只有局部被磁化。"

王雪纯："那就显得不均匀。"

王知："只有被磁头蹭到的地方才能被磁化。后来马文设计了一个磁环，这个磁环使得整条钢丝的磁迹能够被全部利用，使磁迹变宽了。"

王雪纯："表哥用经过马文改进的录音机录音，放出来给别人听的时候，人们都说他的歌唱技术提高了很多。其实那是因为录音的音质提高了。"

王知："马文从此一发不可收拾，陆陆续续得了500多项发明专利，被美国政府授予'最佳科技发明家'。"

王雪纯："如此说来，马文取得这样的成就，他的表哥功不可没。如果没有他想当歌唱家、想录音的强烈愿望，可能这个科技发明问世的时间还要推迟很久。"

王知："这种软磁头磁化的钢丝录音机，后来成为商品推广到市场

钢丝式录音机

盘式磁带录音机

上，最早被应用到一些尖端领域，如广播、电影、电讯等。”

王雪纯：“录音机真正流行和实际被人们应用，那是在磁带发明以后。其实磁带的原理比较简单，把铁粉涂在纸带或者塑料带表面，代替过去的钢针、钢带，音质提高了，价格也降下来了，同时由于携带方便，录音机很快成为一种普通商品开始广泛销售。”

王知：“技术上的进步对录音机的发展起了很大作用，但是从另外一个角度看，商业推销的作用也是非常大的，没有商业推销人们很难接受这种产品。”

王雪纯：“日本的索尼公司在录音机和磁带的商业推销方面有着卓越的贡献。早在1946年索尼公司初创的阶段，由于二战刚刚结束，日本全国物资匮乏，索尼公司的创始人森田秋雄和几个在物理学方面很有专长的朋友，一起研制出一种更加轻便，更加耐用，并且音质更好的磁带录音机和磁带，可是拿到市场上去卖，人们不接受，弄不清这是什么东西。在这种情况下，索尼公司开始把精力转到推销上。”

王知：“森田的推销活动做得有声有色，他在推销机器的时候，常常趁人不注意把他的说话声录下来，然后再放给那个人听，告诉人家那是你刚才说话的声音。”

王雪纯：“这种推销方式刚开始引起不少人的好奇，但是因为录音机作为一种娱乐品太贵了，没有多大实际意义，购买的人还是不多。后来有一件事情启发了森田。有一天他去一个古玩店，看到一个人花了大价钱买下一个完全不起眼的破罐子，因为他不识货，所以觉得不值，可是买东西的人却认为它非常宝贵。”

王知：“这在商业上叫做针对性推销。森田开始思考什么群体的人最需要录音机，经过认真考虑之后，他想到了法院。法院里最忙最累的人是速记员，所有犯罪嫌疑人、所有证人说的话都需要准确无误记录下来，这对于速记员来讲压力很大，所以森田开始向法院推销录音机，一下就把录音机卖出去了。”

王雪纯：“法院是森田开辟的第一个市场，紧接着他又开辟了第二个市场——学校。因为当时日本英文教师非常少，学生学英语的条件差，录音机就显得尤为重要，于是森田和他的同伴们一起，专门为学校设计了一种价格更便宜、使用更方便并且体积更小巧的录音机。”

王知：“半导体技术和集成电路的出现，对家用机电产品起到了非常大的作用，它使原来体积庞大的录音机变得小巧玲珑。荷兰的飞利浦公司采用新技术把磁带放在一个小盒里，就是人们通常所说的盒式带，从此磁带不再像盘式那样展开了，而是用盒式带很有规律地把声音或音乐录制下来。从盘式带变成盒式带以后，录音机的体积小了很多，这一点对于录音机的发展也是至关重要的。”

王雪纯：“世界上最初生产出来的所谓便携式的录音机，它的重量有400克，就是以前所说的大砖头录音

森田秋雄

砖头式录音机

机，今天看来，携带一点都不方便。”

王知：“这种砖头式录音机因为价格便宜，很多人学外语都用它。它对于人们学外语是做出巨大贡献的。”

王雪纯：“可以说是砖头录音机打开了便携式录音机的大门，后来的发展更加丰富，真正的便携式录音机、微型录音机层出不穷，而且兼具录放两种功能。”

王知：“录音机最大的优点就是即时录、即时放，录完以后可以马上放出来听，觉得不好可以重新录第二遍，别的机器没有这个功能。”

王雪纯：“磁带也能够重复使用，非常方便。”

王知：“所以有些很珍贵的资料录下以后，千万记得要把防抹槽掰掉，否则容易因失误造成资料丢失。”

王雪纯：“不过现在还在用盒式磁带保留声音资料的人不多了，更先进的、数字化的录音设备出现了。”

王知：“数字化录音代替了模拟式录音，就是我们所熟悉的CD，也就是WALKMAN，用CD录下声音后不用担心折带，也不用担心唱片被划伤，音质也非常好，所以有人说CD盘录出来的是完全纯净的声音。”

王雪纯：“它还有一个特别大的好处，同一张光盘上的歌曲或者曲

微型录音机

大小磁带比较

便携式录音机

目，可以有选择性地听，因为CD对音轨可以识别，喜欢听的可以反复听，不喜欢听的可以跳过去不听，这一点也是非常方便的。”

MP3

王知：“经过进一步发展，又出现了更新的数字化录音设备，整个数据的压缩格式发生了变化，这就是MP3。”

王雪纯：“这是如今电脑族的珍爱品。”

王知：“MP3的体积更小了。其实MP3并不是非常深奥的东西，它的英文是MPEG－3。MPEG－1就是人们通常说的VCD，MPEG－2就是DVD，MPEG－3没有再给它起名，直接就叫MP3。这是一种新的压缩格式，声音压缩得更多，回放的时候音质也就更好了。”

(秦雪竹)

NO.11 留声机与唱片

LIU SHENG JI YU CHANG PIAN

爱迪生

王雪纯："怎样才能知道有关古代人的事情，除了读书和绘画，还有别的途径吗？"

王知："绘画是人类最早留下历史真实境况的一种办法，那时候没有照相机和摄像机，所以绘画是古代的照相机。"

王雪纯："虽然我们可以在画上看到李白，知道他穿着宽袍大袖，可

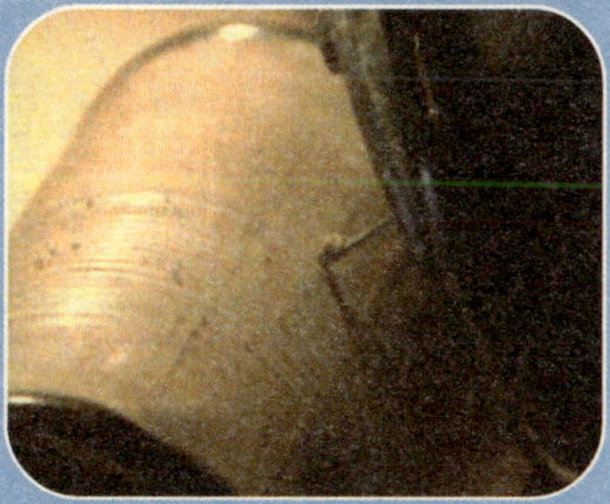
石蜡纸

是李白用四川口音吟诵自己写的诗歌是什么样的情景，这就办不到了。”

王知：“古时候确实有人琢磨想要把声音留下，据说有一个人做了一个密封的盒子，打开盖以后对着盒子说了一句话，然后把盖盖上，以为这样就可以留住声音。”

王雪纯：“这种可以留住声音的小盒子一直到1877年才真的出现在世界上，那一年大发明家爱迪生发明了留声机。有留声机以后，声音的秘密就不再神秘了。”

发明家爱迪生被他的同胞们视为魔术师一般的人物，留声机的发明更使他成为那个时代的传奇人物。

可能因为爱迪生从童年时候起就有听力障碍的缘故，他一直被声音和说话的奥秘所吸引。他在说话试验中使用了用于早期电话里的振动膜，很偶然地发现了录制声音的原理。通过观察振动膜的振动，他发现相同声音的振动总是一样的，于是他意识到可以通过某种方法将这些声音收集起来，然后储存到某种载体中，比如旋转的圆筒上。

他把一根金属针连在振动膜上，最初使用的录音介质是柔软的石蜡纸，他很快就断定声音带来的振动的确可以留下痕迹，他在日记中写道：“毫无疑问，我可以储存人的声音，并在任何时候重现它。”没过多久他就证明了这个事实。1877年12月爱迪生为留声机申请了专利，制

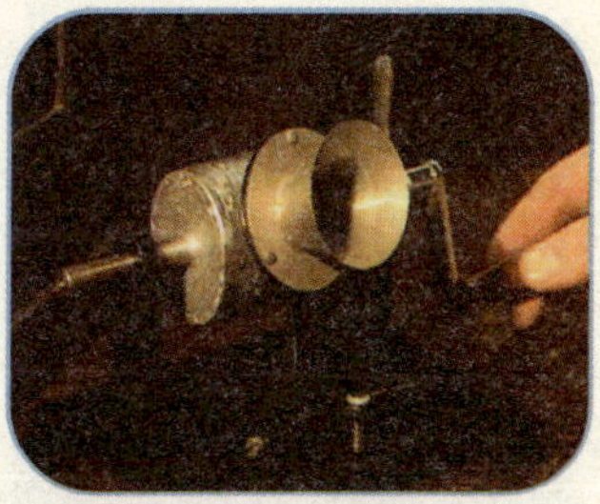
留声机

造出第一台可以录制并播放声音的机器。

人们很快被留声机迷住了，他们中的很多人无法想象留声机究竟是怎样工作的。爱迪生最初发明的原理非常简单：一个喇叭把声音集中起来，声波足以带动底部的薄膜振动，一根针，也就是唱针，在振动的作用下在一张软锡片上刻上凹槽。唱针不断做上下运动，刻出含有波峰波谷的纹路。软锡片包在一个旋转的圆筒上，形成螺旋状凹槽。声音的再现就是将上述过程反过来，唱针沿着软锡片上的凹槽做上下运动，带动薄膜的振动，喇叭则是一种扬声器。

在这之后，爱迪生不断完善着他的作品。

王雪纯："爱迪生对待每一项发明都不是盲目的，他的发明首先都要确定一个用途，比如发明留声机的时候，他是想发明一种能够留住声音的机器，帮助那些在办公室工作的秘书和助手。"

王知："实际上留声机并没有在办公室用上。爱迪生发明的留声机第一次录的是一首童谣——《玛丽的小羊羔》。留声机的发明，确确实实震惊了世界。"

王雪纯："据说爱迪生的留声机刚刚问世的时候，第一个使用留声机录下自己声音的政治界人士是当时英国首相格来斯顿，他发表了一篇

❑ 当年人们听到"留声"的喜悦

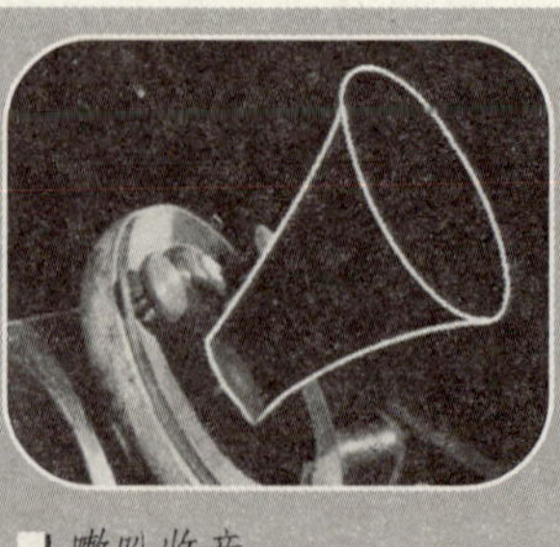

❑ 嗽叭收音

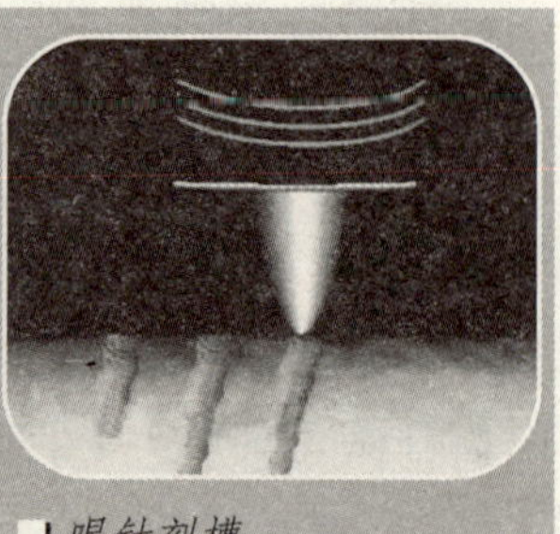

❑ 唱针刻槽

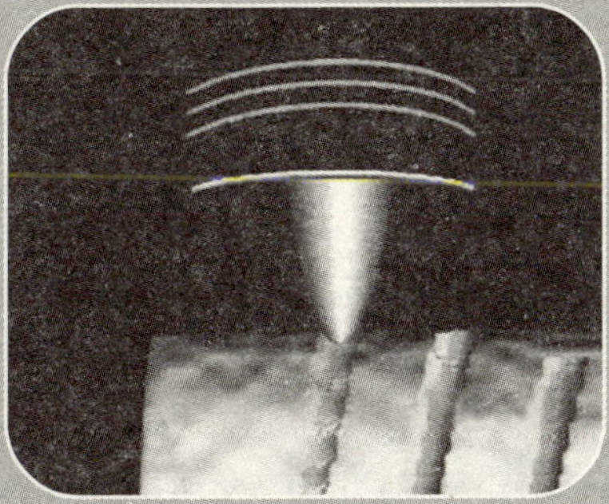
❑ 唱针读槽

演讲祝贺爱迪生发明了这个伟大的机器。那时候公开场合听到政治领袖讲话是很了不得的事情，所以舆论把爱迪生称作是‘科学界的拿破仑’，这可谓至上的荣誉。后来在巴黎世界博览会开幕的时候，当时的美国总统海斯看到这个新奇的发明，惊讶不已，围着看了两个多小时没有离开。”

王知：“虽然爱迪生的这个发明震惊世界，但是好景不长，它的缺陷很快暴露出来。由于录音方式太过复杂，要在一个圆筒上采取纵向录音的方法，很难再次复制，比如想同时录三四首歌曲，就得用多台留声机共同来录。再一个问题就是用圆筒刻录容易出现偏槽，这样放出来的声音全是噪音。”

王雪纯：“爱迪生留声机不能用母版进行复制是个很大的缺陷，后来很多人沿着爱迪生发明的轨迹，一直尝试着有所改变以提高效率。1880年，终于有一个叫埃米尔·伯林纳的科学家发明了一种圆盘型的唱片以及与它配套的唱机，这样一来唱片的产量马上得到了提高。”

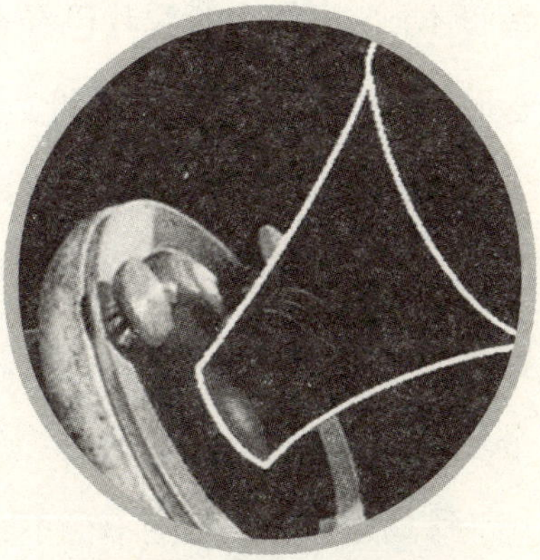
❑ 喇叭放音

王知：“圆盘式的唱片对音乐记载起了很大的推动作用，由于圆盘式唱片是在平面上采取横刻方式，刻录更加均匀，音色也要好得多。1900年以

留声机产品

后又发明了一种电镀法，可以大量复制唱片，这项技术很快推广开来。”

王雪纯：“有部电影叫《1900》，也叫《海上钢琴师》，里面有很多场景反映出20世纪初留声机和唱片给人们带来的巨大影响。”

王知：“这个影片是以唱片开始，又以唱片结束。”

王雪纯：“一张破碎的唱片。”

就是那张破碎的唱片，记载了一位被遗弃在海上的钢琴天才的一生，由于那年是1900年，所以他的养父给他起了一个1900的名字。伴随着他的成长，20世纪初人们的生活又再现在我们的眼前。由于电影主人公在音乐方面的天赋让人们感到震惊，所以他的朋友找来唱片公司，要为他录制唱片，因为那时许多文艺界人士都是靠发行唱片而出名的。

一曲终了，唱片公司非常兴奋，然而重放的乐曲却让那位音乐天才惊讶不已。虽然当时唱片已经普及，但是听到唱片里传出自己弹出的声音时，他仍然显得异常惊讶。

埃米尔·柏林纳

王雪纯：“圆盘式唱片逐渐被大众接受的同时，也是爱迪生和他的发明工厂非常痛苦的一个时期，因为他很不愿意看到这样一个现实，那就是德国正式把圆形唱片市场化。到1894年，爱迪生不得不宣布他的北美留声机公司破产。”

王知："爱迪生虽然痛苦，但是他很快接受了圆盘式唱片，并且大量生产圆盘式唱片。"

❑《1900》主人公

王雪纯："唱片和留声机的发明受益最大的还是音乐界和艺术界。在此之前哪位音乐家想听听自己演奏过的曲子，那根本是不可能的事情，而这个伟大的发明彻底改变了这一切。1902年，当时的高雅艺术界歌王卡鲁索第一个利用留声机唱片记录自己的声音，以后又不断地有歌唱家和音乐大师留下自己的声音，成为后人的艺术宝藏。到1906年电子管发明以后，声音与电流可以相互转变，再次开启了人类留声的新纪元。"

❑《1900》录制唱片

王雪纯："1925年被称作电器录音元年，那年人类第一次由贝尔实验室成功地利用这种原理进行了录音。"

王知："人类最早用来录制的唱片，其中有一种叫做黑胶木唱片。"

王雪纯："还比较沉。"

王知："这种唱片每分钟78转，一张唱片可以录3~5分钟。这在当时是非常先进的，在纽约的大都会里，这种唱片录下了一个非常壮观的、900人的大合唱，叫《圣主今夜降临》，也翻译作《神子今夜降临》。"

王雪纯："这是一首赞美诗。"

王知："这首赞美诗录完以后到世界各地发行，引起轰动。"

王雪纯："到了1931年的时候，有两位美国科学家认为唱片的音质还可以再改善，他们试图找到一种更软的材料做唱片，同时也希望能找到一种更轻的唱针。可惜的是当时正值美国经济大萧条时期，这个想法因此搁浅了。”

王知：“二战以后，人们发明了一种新唱片，慢转唱片，每分钟 33 1/3 转，简称 33 转，这样一来可以把更多的音乐和戏剧素材容纳进一张唱片里。在爱迪生发明留声机和唱片以后 20 年，留声机和唱片同时传入中国，最早出现在上海的洋行，第一张唱片叫做《洋人的大笑》。若干年中，唱片为我们保留了很多宝贵的资料，比如孙中山的声音、毛主席宣布开国大典的声音等。”

王雪纯：“唱片的确记录了很多历史的声音。”

王知：“也有很多著名的戏曲家、音乐家的作品，如聂耳、冼星海、周璇等人的作品都被唱片保留下来，让人们可以聆听到几十年前的优美歌声。”

王雪纯：“新中国成立以后发行的第一张唱片是《解放区的天》。”

王知：“后来，越来越多的艺术种类，音乐、戏曲、话剧，甚至相声都逐渐录到唱片里，唱片是那个时代人们欣赏音乐艺术的一个主要方式。到 20 世纪 80 年代出现了录音机，出现了盒式磁带以后，留声机才逐渐从家庭中退出去。”

（秦雪竹）

中国第一张唱片

NO.12 竞技场的自行车

JING JI CHANG DE ZI XING CHE

马与自行车比赛

王知："古时候没有现代化的交通工具，出门就得靠走。要想走得快一点，就得骑马，借助马匹提高行走的速度。人类很早就想发明一种能够靠自己的体力带动的交通工具，使自己前进速度更快。"

王雪纯："1818 年的时候，人类的这个梦想终于实现了。"

王知："1818 年有一个叫做冯 · 德莱斯的护林人，发明了一种木马

大小轮自行车

大小轮自行车俱乐部

式的自行车。”

王雪纯：“冯·德莱斯为了验证他的发明，还跟当时的邮政马车进行了一次比赛。结果他的速度比邮政马车快了一倍。这样，自行车慢慢从代步工具的发明初衷，扩展成竞赛工具，甚至还有了娱乐的功能。”

王知：“因为那时候自行车非常贵，一般只是把它作为娱乐工具，富裕的家庭把它作为礼物给孩子。”

王雪纯：“那就是奢侈品了?”

王知：“是很奢侈的东西。”

王雪纯：“自行车真正流行，是到后来双脚离地，有了脚蹬子之后。那时候整个自行车的形体发生了非常大的变化，首先作为驱动前轮直径变大了，速度更快也更平稳了。”

王知：“最大的自行车轮直径是112英寸，3米多高。”

王雪纯：“这种车当时很受那些喜欢冒险的小伙子的欢迎。”

王知：“男子汉觉得骑那种自行车很帅，就像现在好多年轻人滑旱冰鞋、滑板一样，觉得非常酷。”

自从脚蹬子问世以来，人们制造出一个轮大一个轮小的自行车。前轮之所以这样大，是为了得到较快的车速，同时，也可以增加车的平衡性。今天人们偶尔还会骑这种大小轮式自行车，目的仅仅是为了取乐。而在20世纪，却是大小轮自行车的天下，并且只有富人才能买得起。普通人当然也可以通过加入自行车俱乐部的方式，骑一骑俱乐部中的大小轮式自行车。由此可见自行车最初的用途并不是作为交通工具，而是一种消遣工具。城市的公园成了自行车的赛车道，不过这种自行车有一个很大的缺点，就是每当骑车人刹车时，都要冒着从车上摔下来的危险。这个问题后来用一根链条解决了，自行车脚蹬子从驱动轮上分离出来，安全自行车出现了。

王雪纯：“和任何一种交通工具一样，自行车首先要考虑的还是安全问题。”

王知：“在很长一段时间里自行车都是人类主要的交通工具，即使现在，很多人有了私家车，公路、铁路各种交通都非常发达了，自行车也是现代交通的一个重要补充。”

王雪纯：“对自行车，还有来自另外一个特殊层面的要求，那就是自行车运动的爱好者。对他们来说当然安全是第一位了，除此之外他们还追求一种更新的刺激，需要在运动的过程中寻找快感。为了满足他们的需求，自行车发生很多变化，而且也出现了越来越多的自行车运动的比赛方式。其中最常见的是公路赛事，就是比速度。”

王知：“公路自行车赛事，是自行车竞赛中最早的，1896年以后还被作为正式比赛项目列入奥运会之中。初期的自行车比赛还没有一个完整规范的距离，就利用马拉松比赛的跑道，自行车绕两圈，87千米，这就是比赛的距离。现在最有名的应当算环法自行车比赛，去年正好是100周年，还搞了一个盛大

公园中的比赛

刹车时摔倒

安全自行车

早期自行车公路赛

现代自行车环法公路赛

的庆典。”

王雪纯：“当时是体育界的盛事。”

王知：“除了公路赛以外还有一个自行车场地赛，这个比赛是完全为自行车而设计的。比赛场地是一个椭圆形跑道，跑道和地面呈42度倾角，人在上面骑，穿的衣服和整个车的装饰相当地酷，头上还得戴着头盔，远看好像《星球大战》里的未来战士一样。”

王雪纯：“这就是飞车。出现这种场地赛之后，人们发现，与其说是运动员在比拼技能、体能，不如说同时还在开展一种以自行车为主的运动器械技术的比拼。比如1984年洛杉矶奥运会的自行车赛中，出现了一种没有辐条的碳素轮胎，可说是开创了自行车未来派的潮流。”

王知：“的确是这样。在自行车比赛当中，除了要求运动员的技能发挥得好，也与车的先进程度有很大关系。1992年巴塞罗那奥运会上，英国自1920年以来第一次得到自行车竞赛的金牌。当时很多人就说，除了运动员发挥得好以外，很大程度要归功于他的自行车。这辆先进的自行车用全碳纤维复合材料制作，整辆车总重不到9千克。”

王雪纯：“运动员总是不断地追求挑战和刺

场地赛佩戴的头盔

激，所以当我们观赏激烈的自行车比赛时，总是觉得惊心动魄。现在的自行车运动选手们已经不再满足于在平坦的场地和公路上比赛了，他们开始把注意力转向向自然环境挑战，比如骑车驶上山区，这可以说开创了自行车运动的又一个全新理念，这已不仅仅是人和人之间的一种较量，而是人和大自然之间的一种较量。”

王知：“美国加州有一个叫芬利·斯科特的青年，1953年他做了一件奇怪的事，他把自行车原来的外胎扒掉，换上一个又宽又厚的外胎。骑上去以后，人感觉非常舒服，不仅仅在公路上骑，在山路上骑减震性能也很好，于是很多青年人都仿效他这么做。”

王雪纯：“这就是山地车的雏形。到了20世纪70年代初，美国旧金山出现了一个自行车俱乐部，会员们集体骑着特制的被戏称为‘巡洋舰’的自行车出游。这种自行车有非常结实的车身，重量超过了50磅(22.68千克)，会员们骑着它上山下坡，开创了山地自行车运动的标志。”

王知：“接下来的10年里，山地自行车有了长足发展，人们开玩笑说，从荒凉的阿尔卑斯山到繁华的都市，到处都可以看到山地自行车的踪影。”

全碳纤维车轮

王雪纯：“虽然山地车早在20世纪50年代就出现了，可是直到20世纪90年代初才得到国际自行车联盟的承认。首届山地自行车冠军赛是在美国科罗拉多州举办的，当时吸引了3万多观众前往观看。那时的比赛场地还是在一个平原上，地形也不太复杂。再往后举办山地车冠军赛，就选择在路况非常复杂的山区了，是真正的山地赛。所以现在可以说，只要有自行车的地方就有山地车运动。”

山地车变速轮

山地车，顾名思义是为在山地骑行专门生产的一种自行车。宽厚的车胎、几乎呈直线形的车把、多达十几种的变速、特制的减震器，都是这项山地车运动的特别要求：

“宽胎”不仅可以防滑，也可以在泥地中减少压强；

“直把”是为了在降速时保持平衡；

十几种变速可以在上下坡时控制车速。

其实不管山地车有多特别，它都为人们圆了一个梦，这就是可以在山间野地上潇洒一回，过一把与自然搏击的瘾。

山地车比赛

与山地车类似的还有特技自行车。特技自行车也备有宽宽的轮胎，前三脚架较长，有利于站在上面做动作；后三脚架很短，有利于做后轮定点动作；既然不为骑行，车座几乎已经被忽略；飞轮的夹片设计，有利于防止链条脱落。而每位骑车人，都要根据自身的特点，自己组装车子。骑特技自行车不仅需要勇气，同时也需要一双灵巧的手，并且要经过长时间的训练。

直至今日，人们仍然对自行车不断地进行新的构想，自行车比赛遍布世界各地，人们在比赛中展现了对自行车新设想的热情和结晶，这其中也包括了各种各样的流派，例如速度派、经典派、日用派等等。无论是可行还是荒诞不经，所有的参赛作品，都出于一个目的，那就是借助现有的技术探索未来自行车的设想。比赛的目的也只是宣传自行车的新设想，如果谁认为这只是在游戏或浪费时间，那他最好想一想多年以前，也曾有人冷嘲热讽过早期自行车的设计师。假如冯·德莱斯护林员今天还活着的话，他就可以看到木马式自行车多年演变的结果，这位自行车之父一定会欣喜若狂的。

王雪纯："对于普通老百姓来说，自行车是最平常不过的代步工具了。其实除了代步，自行车还在医疗保健领域掀起了一场革命——骑自行车是一项很好的健身运动。"

(秦雪竹)

特技车

CCTV

NO.13 自行车的发明

ZI XING CHE DE FA MING

木马式自行车

王雪纯："有好多事只要学会了就一辈子都不会忘，比如游泳、骑自行车。可能很多年都没游过，也没骑过，可一旦要游泳或者骑自行车，还是会很顺利。说到自行车，大家可能会想，自行车的发明跟中国人有没有关系呢？"

王知："有一本书叫《清代述异》，专门讲述一些奇异的事情，里面有一句话：'制两轮小车一辆，可乘人'，这恐怕是对自行车雏形的表述。"

王雪纯："但也有可能这两轮小车前面有人拉着，那就不能算自行车了。"

王知："那里没有更多的说明。还有一个与自行车有关的说法，1790 年一个叫西夫拉克的伯爵，他制作了一个前后排列的两轮小车，但那不是现在的自行车，它没有车把，也没有车闸、链条和踏板。"

王雪纯："那是个什么样子的车?"

王知："西夫拉克把这辆车推到山坡上，然后骑车尖叫着往山坡下滑。"

王雪纯："那是为什么?"

王知："他当时觉得很兴奋，旁边看的人也觉得他了不起，一辆车不用马拉，还能跑得这么快，这在当时是不可思议的事。可是因为那辆车没有刹车，西夫拉克完全靠两只脚当刹车，结果摔到山坡下的野草堆里了。因为没有车闸，这种车没有推广开。"

王雪纯："真正把自行车带到人们生活中来的，是德国的一位护林员，名叫冯·德莱斯，1818 年，他发明了一种木马式自行车。"

冯·德莱斯护林员于1818年向大众展示了

冯·德莱斯护林员

当年的马车

四轮车草图

冯·德莱斯的多轮车

他的发明，就是那辆木马式自行车。在当时的德国卡尔斯鲁尔，人们常常能见到冯·德莱斯护林员骑着他的木马式自行车在街上来回奔走。那时还没有火车和汽车，人们出门靠步行或是骑马，人类一直期待着能找到一种可以代替马匹的代步工具。其实早在15世纪，就出现了四轮车的草图，然而一直没有能够制造出这样一辆车子。人们今天知道，第一辆靠人力驱动的自行车是冯·德莱斯护林员发明的木马式自行车。车的支架是木质结构，某些地方利用了铁件加固，它的车轮类似马车，但是自行车安装了车把和一个供骑车人休息的前托。

冯·德莱斯的旅行式自行车

究竟这位护林人是如何发明自行车的呢？

冯·德莱斯从小就接受了有关物理学、数学和农业学等方面的教育，他生性喜欢做试验，特别是痴迷于做一辆不用马拉的车的设想，为此他制作过几辆多轮车。虽然后来获得了专利的木马式自行车骑起来有点麻烦，但是它可操作车轮的发明仍然是第一个里程碑，使人们竞相模仿。后来，一位英国的竞争者制造了一辆铁质的冯·德莱斯式自行车，而且他根本无需购买专利，因为冯·德莱斯护林员的专利只是在德国的巴登地区有效。随后，冯·德莱斯式自行车在其他一些地区开始流行，一时间骑自行车成为了时尚。

大轮车

王知："木马式的自行车，主要是靠两只脚走。两只脚既是动力，同时也在行走的时候寻找平衡。但是木马自行车在前进的过程中有一个很特殊的现象，就是偶尔两条腿同时抬起来，自行车还可以保持平衡向前走。这是一个重大发现，根据这个发现，1839年一个叫麦克米伦的铁匠发明了曲轴，并把它安装在自行车的车轮子上。从此，人们的两只脚就可以同时离开地而让车辆前行了。"

王雪纯："脚离开地面以后，整个自行车的形态随之发生了变化。首先，车轮变得比原来大了，车的速度更快，也更平稳，1892年甚至出现了一种车轮半径达56英寸(1英寸＝2.54厘米)的车。"

邓禄普

王知："半径56英寸，直径就是112英寸，约有3米高，人坐在上面只能是一种娱乐。对于那些想要郊游，或是准备将自行车作为代步工具和运输工具的人来说，这种车是不能接受的。在改进过程中，链条传输发明了，随之而来的是几个更大的变化：一是人的座位放在两个轮子中间了，二是原本直径112英寸的大轮子缩小成28英寸了。改进后的车在很大程度上接近了当时人们的想象，可是新的问题又出现了，坐在车上感觉颠簸得很厉害。于是，就有人想办法把前叉往后倾，车前轱辘放在前叉的焦点上，用一个分力，这样颠簸会弱一点。后来又有人安装了一个减震的支架，让人骑着舒服一点，但是真正改变颠簸使人骑得舒服的，是英国的邓禄普。"

影片中溥仪骑自行车

收藏的名自行车

收藏者：常建国

双叉结构

车架上的斜梁

王雪纯："邓禄普是一位工程师，他发明自行车轮胎还是受了他的儿子小邓禄普的启发。小邓禄普在中学参加一个自行车比赛，当时自行车是个新鲜事物，还很不完善，轮子就是钢材外面包了一层薄薄的橡皮，路面稍微有一点不平，就颠得浑身要散架了。小邓禄普在练习的时候发现自行车太颠簸了，根本没办法稳稳当当坐在车上。他想当冠军心切，于是就请求父亲帮助。邓禄普想了很多办法，最后将家里浇花园的橡皮管子当成充气轮胎，包在轮胎外面。"

王知："现代充气轮胎就是这么发明的。"

王雪纯："当时人们看了以后觉得很可笑，把一段橡皮水管包在车轮外面，看着像一段香肠，很难看。但是当小邓禄普骑着这辆自行车在比赛中取得胜利之后，所有人都意识到，又一项发明诞生了。"

王知："科学技术的发明与竞赛一样，有了需要就会有前进。中国在自行车的发展过程中，也有很多故事的。自行车传入中国最早是清朝末年。末代皇帝爱新觉罗·溥仪 17 岁大婚的时候，他的弟弟溥杰送给他一辆自行车。溥仪坐过轿子，也坐过汽车，却未骑过自行车，他觉得很好玩，于是骑着这辆自行车满院子乱冲乱撞，为了骑车方便，他甚至命令把皇宫内院所有的门槛都锯了。"

王雪纯："溥仪对自行车有一种狂热。他当时下令内务府到各处收集自行车，购买当时世界上能够买得到的各种名牌车。据说1924年年底，溥仪个人收藏的名牌自行车就有将近50辆。"

50辆名牌自行车对于当时的收藏者来说，恐怕是一个可望不可即的数字。随着溥仪被逐出皇宫，他收藏的自行车也不知下落。这不免让人感到有些惋惜，然而时代走到了今天，人们有幸可以在当今的收藏爱好者手中再次观赏到这些名车当年的风采。

收藏爱好者常建国有一辆德国产的钻石牌自行车。为了适应德国众多的山道，车的前叉设计得比较宽，以增加强度，在俯冲或遇到坑洼时不会折断。而英国汉堡车的双叉结构则是增加强度的另一种方式，即使有一根断裂，也不至于造成骑者的伤亡。

20世纪50年代的汉堡牌自行车车架上的斜梁与众不同，竟然是一只打气筒。这部车还有一个现在少见的设计，它有一个别致的可以锁住前轮的车锁。

荷兰羚羊车的连动车闸设计，至今还是专利，它可以保证骑车人在任何情况下都可以进行刹车，极大地提高了安全系数。设计师为了适应日本人的身材矮小，还特别设计了舒适的座椅。

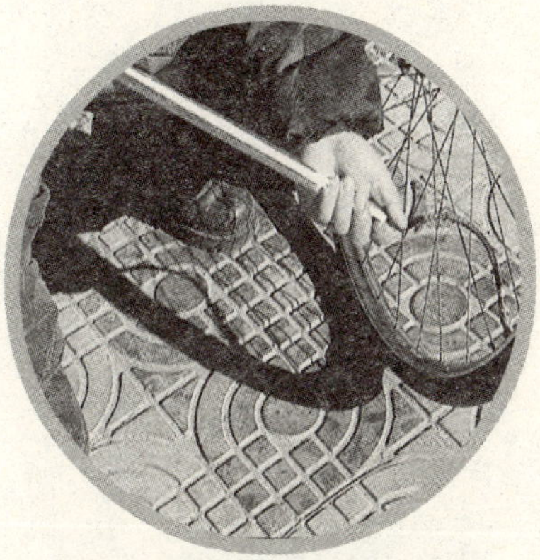
❑ 打气筒

这些当年只有贵族才能享受的名车，如今又焕发出奇异的光辉。

王雪纯："这些都是国外有名的自行车的品牌，新中国成立后我国大力

锁车轮的锁

自行车的弯梁设计

发展自行车行业，也出现了不少质量优秀的名牌车，如永久牌、凤凰牌、飞鸽牌等等。”

王知：“我骑的就是永久牌自行车，那时候我还在沈阳工作，有一天换煤气罐，我的两个孩子都要跟着我去，最后大孩子坐在前面的横梁上，我妻子抱着小孩子坐在后座上，左边还挂着一个煤气罐。谁都想不到，一辆小小的自行车竟然有这么大的力量和作用。”

(秦雪竹)

NO.14 电子与音乐

DIAN ZI YU YIN YUE

电子乐演奏家威廉姆

王雪纯："王知老师，您特别喜欢欣赏音乐，那您试过作曲吗？"

王知："作曲我倒是没有尝试过。"

王雪纯："就是说您喜欢听音乐，但是没有做过音乐？"

王知："好多学过音乐的人想作曲也不是那么容易。"

王雪纯："其实呢，要说也没有那么难，比如现在大家不是都用手机，手机的铃声有些人是下载的，有些人可以自己编。我觉得只要是用手机自己编过铃声的就算是作过曲了。”

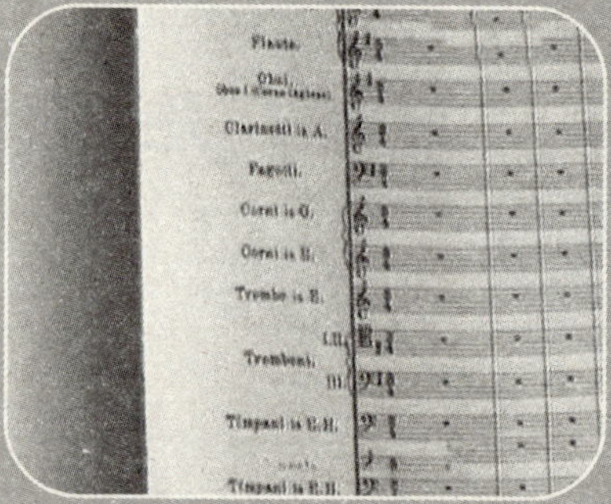
乐谱

王知：“你这也太简单了。”

王雪纯：“当然只是小小地做了一把，不是什么大作品。”

王知：“这也算电子音乐了是不是？要说电子音乐，我倒是听过两场。一次是雅尼的音乐会，当时在太庙演奏，一个是国际的电子音乐音乐会，非常美。后来听说过在（20世纪）90年代的时候，喜多郎也搞过一次音乐会，那个音乐会我没有现场去听，后来听的录音。其中我印象特别深的就是其中有一首叫《丝绸之路》，他的创作源泉就是中国古代的历史。”

王雪纯：“现在很多场合我们都可以听到很优美的电子音乐，尤其是当作背景音乐来使用。其实，从广义上来说，凡是运用电子技术来进行音乐创作的作品都可以算电子音乐创作。这就是为什么我说用手机来编铃声也算是一种电子音乐创作的原因。”

王知：“这表达了人们对音乐的需要。要说电子音乐的产生，有两件事对它影响是非常大的。一个是物理学家经过分析发现：声音本质是由不同频率、不同波长的波组成的。这是一个非常大的事情。第二个就是电学的发展。电学的发展使得各种波可以通过电学的方式储存、记忆、录制下来，而且还可以放大，可以重复放。这两件事为电子音乐的产

键盘

生做了很扎实的技术背景。”

王雪纯：“这个就是电声学。其实大量的机电方面的研究成果，被用到电声领域来还是在第一次世界大战的时候。那个时候就相继出现了很多电声转换器，比如说放大器、滤波器，还有就是咱们现在俗称喇叭的东西，也就是扩音器。然后到了二战的时候，又出现一个新的高潮。那个时候广播电台就有了，再到（20世纪）50年代以后，磁带录音技术也非常成熟了。”

王知：“要说起这个来，还有一个非常好玩的故事。法国有一个电子工程师叫皮埃尔，1948年的时候，他别出心裁，拿着麦克风和录音机，跑到一个地铁车站里头去录各种各样的噪音。有机车进站、行驶、启动的声音，还有其他的一些机器的声音。回来以后他就不停地把它们复制、剪接，最后做出来个曲子。曲子做出来以后他觉得很有意思，还给它起了一个名字，叫《地铁练习曲》。这还不算，当时法国的电台里有这么一个节目叫《绝对第一》，有点像咱们现在说的吉尼斯纪录。他把他这个《地铁练习曲》拿去放了，一下在法国引起了很大的震动。”

王雪纯：“在那个年代，谁听过这样的音乐呀，当然会引起轰动啦。”

王知：“还没完。他后来又做了一首曲子——所谓的曲子——叫《五种噪音练习曲》，全都是噪音。不过他作这些音乐的时候正好赶上世界上一个叫新浪潮的时代，人们追求这些原始的东西，恰逢其时，比较受欢迎。”

❑ 电声源

电吉他

王雪纯："技术进步最后带动的是艺术在思想领域的一种叛逆，或者说革命。谁能想到这个冰冷的机器发出来的声音现在也被纳入到音乐的范畴里来。这绝对是理念上的一种巨大的前进和变革，它远远超过我们以前对音乐的诠释和我们的想象。"

现在为人们所熟悉的交响乐形式大约是在17世纪时被逐渐确立起来的。它的出现在当时极大地拓展了音乐的表现能力，但在之后的几个世纪里它的发展方向也走向了极端。

为了追求更为宏大的音乐感染力，乐队的规模不断地扩大，这也就意味着，有能力组织起乐队来演奏自己作品的作曲家会变得越来越少。由此，交响乐开始失去它昔日的勃勃生机，但是人们追求艺术的脚步是不会停下来的。

20世纪的音乐家们开始尝试各种各样的方式来实现自己的艺术想象。此时发展迅速的电声技术成了音乐家们新的创作手段。威廉姆·唐的交响乐乐谱就包含了几个声部。作曲家要使用不同的声音来创作交响乐。经过几个世纪的努力，现在已可以把各种声音安排在一起。例如演奏家现在要同时演奏弦乐、短笛、长号和定音鼓4个部分。

王知："其实从人类诞生的时候，就有了音乐。为什么这样说呢？因为人们需要音乐。当他想唱的时候他就唱，他哼哼，最早的音乐形式虽然很原始，但是毕竟是音乐的雏形。"

王雪纯：“真的就像您说的，人类的历史完全可以用音乐的发展来划分时代。比如说最早的农业时代就是刚才您说的人声时代，最多有一些简单的乐器，比如说打击乐或者一些吹奏乐，也大多数是独奏的形式，而不会是这种大规模的交响乐，有很多乐器在一起。但到工业时代就不一样了，那就是浩浩荡荡的、很恢弘的场面出现了，交响乐有了，器乐合奏有了，现在无疑就是一个电子音乐的时代。”

王知：“咱们现在谈的这些都是属于电子音乐的初级阶段，大部分都是录制和播放，或者叫储存，就这么几个阶段。再随着时间的发展，它就稍微进入高级一点的阶段了，那就是模仿阶段。这时候首先是制作出来电子琴、电子钢琴，还一个就是电子合成器。它不仅能够模仿我们过去所有的那些乐器，还能模仿自然界的声音，这个特点使它确确实实向前迈进了一大步。”

电子乐器的发声源来自电脉冲。和传统乐器不一样，电脉冲不能直接发出声音，它只是一个能量信号，可就是因为这样，它才能被电声转换器转换成任何人们需要的声音。

虽然20世纪70年代的时候电子乐器已经出现了几十年，但那时了解和使用电子乐器的人还很少。一直到了1979年，在一次国际乐器代理商大会上，一位日本的乐器制造商将要展出一种新的吉他合成器。就在大会开幕的前一天，这个合成器的一部分，一个吉他形状的控制器被别人偷走了。焦

❑ 新技术

急的制造商报了警，并在报纸上发表通告告诉小偷，那个控制器只不过是样子像吉他罢了，如果不与另一部分的合成器相连，它根本没有用处。

报纸在散发了十几个小时以后，丢失的控制器终于又被人偷偷地送了回来。媒体听说此事争相前来报道，一时间电子乐器成了人们津津乐道的话题。电子乐器也随着它在这次代理商大会上的成功而得到了世界上更多人的认识和了解。

王雪纯："我们听到的用电声乐器来演奏的音乐才是现在意义上的电子音乐。它从技术上来讲，它是把一种声音编辑的阶段提升到了一种声音制造的阶段。"

王知："电子乐器出现了以后，确确实实有很多长处，买一个电子琴，结构又简单又轻巧而且还便宜，所以推广用得很多。声音模仿得也很像，有的时候甚至于以假乱真。所以，由于这样的一些原因，电子乐器本来是属于先锋派的艺术，但是很快就被拉到流行的艺术之中了，在流行音乐中大量使用了电子音乐。我们所说的这些大概基本还停留在模拟阶段，再往后发展作为音乐来讲就更可怕了，音乐数字化了。就好像我们的计算机过去说有模拟式计算机，现在还有数字式计算机。音乐也是从模拟式音乐开始进入了数字式音乐，有的时候我觉得这个数字式音乐已经不太像真正的音乐了。"

王雪纯："我觉得这可能是思想上一时转不过来。我前一段时间在维也纳碰到一些人，他们开发了一种软件，建立了一个电子音乐银行。这个电子音乐银行其实就是召集了世界各地一些一流的乐团或者乐手，去演奏一些经常演奏的、很熟悉的曲目，然后把它们都数字化地录制下来，又数字化地把它变成一个一个音乐的单元去保存，然后就成了一个所谓的银行。这样就可以提供给那些小制作的音乐人或者是艺术部门，他们如果没有经费去组织乐团、去请乐队，就可以从这个电子银行里找来这些元素，从而可以创造他想创造的音乐。”

电脑数字化的介入，使得利用电子技术进行音乐创作达到了一个新的境界，电脑成了采集、制作、编辑，甚至是创造声音的终端设备。更多的，甚至我们从来没有听到过的声音被制造了出来。但是由于技术手段的更新与换代的速度太快，音乐人需要拿出大量的精力来学习和掌握新的操作技能。在这种背景下甚至出现了一些追求技术、追求技巧的音乐作品，这让人不得不产生一种忧虑。

王雪纯：“我觉得音乐和技术这两样东西，可能在发展到最巅峰的时候会是一种交融的境界。但是在这个发展的过程当中，像现在这样一个阶段，可能就会使我们产生这种困惑。到底是技术是它的主体，还是艺术是它的主体？”

王知：“我认为技术毕竟只是一个方法，它不应该成为一种风格。”

（齐望达）

NO.15 浓情巧克力

NONG QING QIAO KE LI

巧克力的起源

王雪纯："王知老师，要是让您说出一样您最爱吃的东西来，有吗？"

王知："巧克力。"

王雪纯："巧克力呀，真的假的？"

王知："真的。"

起源

王雪纯："我能和您握握手吗？终于找着共同爱好了。我从小到大，如果说食物里有什么东西对我来说有不可抵制的诱惑力，就只有巧克力。而且我知道全世界像我这样的人太多了。可是巧克力虽然这么让人着迷，到好几个世纪以前，准确地说是1492年之前，这个世界上还有很多很多人根本不知道巧克力是什么东西。"

王知："它源于美洲。最早的巧克力原料是可可，种在墨西哥。但是第一个把它带回欧洲的是探险家哥伦布，带回去以后他把这些可可豆献给了当时的西班牙国王，西班牙国王不知道它有什么用，就看着这么一个红棕色的小豆子，看着像杏仁似的，也没有太重视这件事情。"

王雪纯："主要是因为当时的西班牙国王和王后没有这个预见性，没有想到这个小豆子后来会对这个世界产生这么大的影响。真正把巧克力带到欧洲的应该是西班牙探险家赫尔南多·科第斯。他是在征服墨西哥的过程当中发现阿斯特克人用可可豆来准备一些饮料。在阿斯特克当地语言里，这个发音就是现在这chocolate。当地语言的意思就是'一种热的饮料'。然后这些西班牙人就跟着喝，一喝发现这么苦，不合他们口味，那加点糖，然后再加点水给它稀释一下，这么一煮发现特别好喝。这种可可

巧克力豆

巧克力豆

汁就是巧克力的雏形了。”

墨西哥是可可的摇篮。阿斯特克人最先用可可的种子来配制富有营养的巧克力饮料。据说西班牙人最早到达墨西哥的时候，看见当地人津津有味地喝着用可可粉调制成的巧克力饮品，有人便尝了一口，结果刚喝进嘴就马上吐了出来，并大声喊叫：这么苦，怎么喝呀。正是这种难喝的饮料在接下来的几个世纪征服了无数人。

古代的巧克力壶下面是搅拌棒，当时的巧克力要在搅出泡沫以后才能喝。巧克力的原料是可可豆。可可树需要湿热的环境才能生长，所以我们只能在南北回归线以内，海拔800米以下的地区找到可可。可可树的果实就是可可荚，每个果荚中约有20～50粒可可豆，取出后经过发酵和干燥变成深棕色。可可树不能受到阳光的直射，因为阳光会烧坏它的叶子，还会使土地干涸，因此种植工人就种植一些大树来为可可树创造树阴。

在16世纪，由于天花和瘟疫在美洲流行，人们大量死亡，导致种植园劳动力缺乏。这时欧洲人把可可树向南移植到委内瑞拉、厄瓜多尔和巴西；同时，欧洲的可可消费量越来越大，为了生产更多的可可，可可树被装船运往印度、菲律宾等国家。今天，全世界有45个国家生产可可，可可的种植也为当地创造了巨大的经济价值。

王雪纯：“有一些资料上说西班牙人发现可可豆以后，发现它可以煮成这种巧克力，然后这种巧克力饮料一时就流行起来了。西班牙人就意识到这是一项可以赚钱的买卖，就开始在他的海外殖民地到处种可可豆。而最有意思的是西班牙人相当精明，整整一百年的时间里，他没有向欧洲任何国家透露他的可可豆工艺。”

王知：“后来这件事被一个委托加工的西班牙僧侣把秘密泄露出去了，很快就传遍了全欧洲。英国建立起了第一个巧克力屋。紧跟着隔了几年，到1828年的时候，又有人发明一个压榨机，可以从可可豆里压出可可脂。可可脂加入巧克力以后，我们再尝它味道就好多了，口感就发生变化了”。

王雪纯：“真正给巧克力带来革命性变化的是19世纪的两个瑞士人。有一个他是和他的儿子开了一个巧克力工厂。他有一年在做巧克力的时候尝试性地把榛子放到巧克力里，一下子就走红了，这就是果仁巧克力。但是另外一个瑞士人叫达尼埃尔·彼特，他的名字经常被提起来，因为他是我们现在经常吃的这种牛奶巧克力的创始人。他第一次把巧克力和牛奶混合在一起，而且把它做成了固态的。”

❑生产车间

王知："在巧克力的发展上，还有一个人要提到，这个人叫做鲁道夫·林特。他发明了一种巧克力油，也是从可可豆里榨出来的，叫可可油。可可油加入到巧克力里以后，吃上去更加软绵爽滑可口，和我们现在吃的巧克力就很接近了。"

巧克力成品

王雪纯："您看咱们说了这么几分钟的时间，已经从最早的可可豆一直说到现在各种各样的巧克力了。其实巧克力的制造工艺，这里面的学问还是很大的。"

从带着苦味的可可豆变成香甜润滑的巧克力，这可不是一个简单的过程。

可可在成为商品以前已经经过发酵和干燥，变成了深棕色。

首先要把来自不同国家、不同的可可混在一起。比如把来自非洲的可可和来自南美的可可混在一起，这是为了保证巧克力的质量。在开始加工之前，人们要精心地把可可豆清洗干净，接着要捣碎，把它从保护它的果壳中剥出来；最后是焙烤，也就是在100～140度的温度下烤制20～30分钟。

人们把经过捣碎和焙制后的可可豆称作可可块。不过现在还不是真正的巧克力。搅拌之后，巧克力被放到磨碎机中。在那儿，巧克力团被压碎成粉末状，我们称之为提炼。因为有这道工序，我们吃巧克力时才不会感到有块状的东西在嘴里。接着，粉末状的巧克力被送到添加可可油的地方，这是制作巧克力的最后一道工序。这种黄色的油使巧克力有一种滑腻的感觉。可可油越多，巧克力越容易融化在口中。

巧克力味道的好坏主要是看它的纯可可脂的含量。优质巧克力采用的是天然可可豆中提炼出的纯可可脂，它的熔点与人体体温相近，因此含在嘴里很快就变成了细滑的液体。国外对巧克力的含脂量有严格的标准。欧共体规定巧克力脂肪中纯可可脂的含量在95%以上才能叫巧克力。

王雪纯："巧克力现在不光是口味越来越多，而且人们在巧克力上做的文章也是越来越花哨。比如在韩国汉城，青年男女不是都过情人节吗？今年就有这么一个活动：女孩子用巧克力在她喜欢的男孩子脸上画一个巧克力心，这就表示爱你了。"

王知："日本更有意思。日本现在卖一种巧克力叫'巧呼'，它是把自己的手机号用巧克力做的，然后放在盒子里头，在巧克力屋就卖出去了。哪个男孩子买到以后打开发现是个手机号，就可以和这个女孩子联系。"

王雪纯："真会想，那等于是巧克力红娘。还有有意思的。美国纽约有巧克力节，巧克力节可是让人大开眼界。在这个节日里不光可以品尝到各种各样的巧克力，还有时装表演可看。模特穿的服装是巧克力做的，连戴的假发都是巧克力的，也不知道是饱眼福还是饱口福。"

王知："巧克力在欧美人的饮食和文化生活中是个非常重要的东西，就像我们中国人喝茶一样。中国人现在很时髦的就是情人节送巧克力，跟你刚才说的韩国，我说的日本一样。但是实际上情人节和巧克力是无关的。"

在欧美，与巧克力相关的节日是春季的复活节和冬季的圣诞节，人们把巧克力作为礼物相互赠送。在欧洲的街头你随处都能看到专门销售巧克力的食品店。无论是从风味还是从外形来看，巧克力的种类多得难以尽数。欧洲人至今仍保留有喝巧克力的习惯。他们还喜欢把它做成甜点中的沙司，尽情地享受美味。

其实巧克力不仅可以让人们享受醇香美味，更可以作为艺术品使人赏心悦目。国际上每年都会有巧克力博览会和巧克力展，各种巧克力的现场制作表演让人流连忘返。另外，每两年举行一次的世界杯巧克力西点制作大赛也是世界级高手云集的时刻。

卢浮宫里的名作蒙娜丽莎、埃及法老都被他们别出心裁地用巧克力制作了出来；有的是用巧克力为原料制作的面包圈来作为居家的装饰品；有的是将具有东方风情的饰物用巧克力来表现，别有风味。

不管是哪种制作，都体现了他们精湛的技术和美妙的设计，因为巧克力对温度的要求非常苛刻，室温30度以上就会融化，稍不留神就有可能前功尽弃，所以精品的背后是创作者的耐心和细致，更是技术与艺术的完美结合。

王雪纯："巧克力真的是营养非常丰富，它含蛋白质、锌、维生素B_2、铁、钙，最关键的是它能提供很大的能量。比如说早上没吃早饭又要去工作，可以吃一块巧克力。另外就是像咱们录像，录了很长时间，中间休息的时候吃一块巧克力，真的是有解乏的感觉。我不知道您有没有这感觉？"

王知："是，你现在是不是很想吃一块？"

王雪纯："对，我已经有点忍不住了。而且在军队里，像美国的陆军，巧克力是口粮里必备的一部分。据说宇航员的航空、航天食品里也有巧克力是吧？"

王知："我们中国空军在空勤灶里那时候每天也有一块巧克力，在

❑“巧克力”模特

飞行之前或者需要补充热量的时候吃这块巧克力。吃巧克力其实对人绝对没有任何害处。”

王雪纯：“对。但是很多人会问，吃巧克力会不会长虫牙、发胖，是不是让人兴奋。有很多说法。”

王知：“其实这是一种误解。巧克力有很多脂肪，但是它有很多不饱和脂肪酸，不会让你发胖。再一个很大的特点就是巧克力到嘴就化，不像其他的糖果，所以这样不会引起虫牙。”

王雪纯：“没错。其实咱们国家现在人均年消费巧克力的水准不是特别高，应该说还是挺低的。和好多西方嗜吃巧克力的国家比起来，我们只有他们的百分之一，好像人均年消费不到50克。所以不少中外专家呼吁我们中国人也可以适量地多吃一些巧克力。特别是儿童，因为吃巧克力对孩子们的大脑发育还是挺有好处的。”

王知：“对成年人也好，儿童也好，巧克力对身体都是有好处的，只要我们能掌握吃巧克力的度。”

（欧阳微）

NO.16 咖啡的诱惑

KA FEI DE YOU HUO

咖啡兴起

王雪纯："去年我们到古巴去拍摄，有一个特别有意思的经历。因为我很爱喝咖啡，我们在古巴的时候就有幸跟着一个咖啡种植园的工人，上山去摘了一回咖啡豆。我终于平生第一次摸到了我那么爱喝的咖啡最原始的果实：红红的，像樱桃一样，特别诱人。我就想我也尝尝带着果汁的那种果子，因为里面干的豆子才是后来吃的咖啡豆。一尝也没

❑ 兴起

什么特别的味儿。我就一连吃了好几个。吃着吃着，我就想起那个有关咖啡最著名的故事了。”

王知：“你说的是公元6世纪牧羊人加尔第的故事吧？他赶的羊吃了你说的这种红色的果子，吃完以后很兴奋。他不知道什么原因，就去请教修道院院长。修道院院长自己和牧师们都尝了这个东西。尝完以后，所有的牧师们也非常兴奋，所以周围的人都管这个修道院叫‘不睡觉的修道院’了。”

王雪纯：“其实非洲地地道道是咖啡的故乡。现在品质最好的几种咖啡原产地都在非洲，后来因为奴隶买卖，咖啡才从非洲被带到了阿拉伯地区。到了公元1000年的时候，阿拉伯人才开始把咖啡豆放在沸水里煮成汤来喝。这之前都是像咱们刚才说的，直接把果实放在嘴里嚼。再过3个世纪，就是像现在这种制作方法：要先烘焙咖啡豆，然后再研磨制成咖啡粉。回教是禁止喝酒的，当时有很多人都是干脆拿咖啡代酒，因为它同样有提神的效果。”

王知：“可能喝咖啡跟喝酒以后反应差不多，在阿拉伯，它最早流传的时候管咖啡叫‘阿拉伯酒’。阿拉伯也很有意思，它可以向外卖烘焙好的咖啡或者咖啡豆，但是绝不出口真的种子。后来是一个荷兰人，偷了一棵成活的树，并且又偷了咖啡种子，把它偷回去以后放在印度种植。大面积种植以后，欧美就都开始喝咖啡了。”

有关埃塞俄比亚的牧羊人和咖啡果实的传说已经流传了十几个世纪

咖啡豆

了。从公元12世纪阿拉伯人在阿拉伯半岛掀起喝咖啡的潮流以来，直到现在，咖啡已经成为仅次于水的第二大饮品。

咖啡树能在热带地区大约70个国家生长。对有的国家来说，种植咖啡是主要的经济来源，比如在危地马拉和哥斯达黎加，咖啡占了出口总额的四分之一。如果收成不好的话，整个国家的经济都会受到影响。

咖啡的加工流水线：咖啡豆首先要过水洗，除去沾在上面的泥土和灰尘。这个过程之后，只有最紧实的咖啡豆才会沉到水槽底部，继续它们的旅程。洗净的咖啡豆从水槽底部掉进压磨机内，压磨机会把果肉从果实里分离出来。这时候，要注意掌握压磨机的力道，既要压破果壳，又不能压坏咖啡豆。之后，咖啡豆要放进一个大水槽里静置24～36个小时，这是使果肉分解必需的时间。当然，坏果子和尚未成熟的果子都会被工人们细心地挑出来的。然后，果肉还要进行干燥和烘焙。烘焙期间，咖啡的重量大约会减轻20%，失掉的都是水分，最后才是研磨成粉。经过这些繁复的步骤之后，我们终于可以喝到香浓的咖啡了。

王雪纯："咖啡刚传到一些地区的时候也不是马上就得到人们的欢迎。刚开始在意大利的时候，比较保守的神职人员把它叫做'魔鬼的杰作'，很是不喜欢它。因为它有提神的效果，喝完了以后人的状态比较不一样，比较高兴，比较兴奋，他们觉得这个东西有点邪气，就不让大家喝。可是当时的教宗克雷芒八世就想，要不我先尝尝到底什么味儿？结果他这一尝，喝完之后马上脱口而出：就让这种饮料受洗成为上帝的饮料吧。结果由于他的提倡大家都开始喝了。”

王知：“各个地方喝咖啡都不一样。有的喝咖啡还行‘咖啡道’：喝咖啡之前首先要焚香，还要闻香，还要尝，搞得挺神秘的。”

王雪纯：“像在意大利，喝咖啡就是喜欢喝小杯的espresso，特别浓，特别香，味道很重，大家都站着喝，很少会坐下来慢慢喝。在欧洲的其他一些地方，比如说像奥地利，喝咖啡是清清爽爽，咖啡就是咖啡，茶就是茶，奶就是奶，你要放哪样放哪样，绝不会给你一下倒好了放到桌上。奥地利人喝咖啡，尤其是在维也纳，可能他们看中咖啡馆的装潢和气氛胜于看中咖啡本身的品质，他一定要找一个环境特别幽雅的地方去品咖啡。”

现在，咖啡作为一种时尚饮料已经在世界各地流行开了。奥地利首都维也纳素有“音乐之都”的美名，而它的咖啡馆也别有韵味。维也纳的咖啡馆温馨而不喧闹，幽雅而不流俗，不论是大众百姓还是文人墨客，这里都成了他们修身养性、萌发灵感的地方。咖啡馆是维也纳人闲

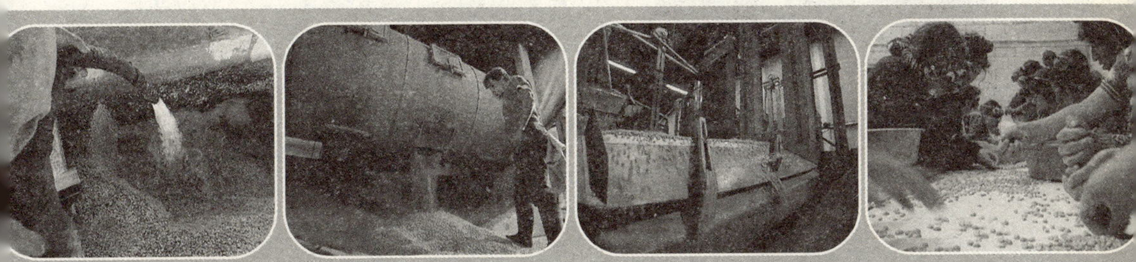

❑ 生产加工线

适生活的一个缩影。在1979年的维也纳新年音乐会的电视转播里，维也纳国家歌剧院的芭蕾舞演员们在约翰·施特劳斯《闲聊波尔卡》的伴奏下，在维也纳的咖啡馆内翩翩起舞，给人们留下了深刻印象。把高雅艺术带入到街头休闲场所，由此可见维也纳人对咖啡馆的喜爱。

17世纪，土耳其人将咖啡带到了维也纳。经过几个世纪的推广，出售各色咖啡和甜点的咖啡馆已经成为这个音乐之都里人们津津乐道的休闲地方。在咖啡馆里，墙上展示着不同历史时期的蛋糕包装纸，它们已经成了这里的主要装饰品。在淡黄色的灯光下，人们一边静静地品尝着咖啡和甜点，一边悄声交谈着；也有人在翻看报纸和杂志，独自享受着这份闲暇的乐趣。据说当年舒伯特也经常与朋友一道光顾咖啡馆，他谱写许多浪漫曲的灵感都源于这里。

王雪纯："美国人喝咖啡经常遭到欧洲人的抨击，说他们太没品位了。因为美国人是比较自由、比较随便的，所以早上起来经常是一大壶咖啡往那儿一热，什么时候想喝什么时候喝。欧洲人就说他们的咖啡那么少的咖啡粉，那么多的水，一天从早喝到晚，肯定没味。"

❑ 香浓的咖啡

王知："但是美国人喝咖啡应当说在世界上消费量是最大的，而且他们也真爱喝咖啡。这里还有一个小故事。第一次人类登上月球的时候，阿波罗十三在返回的时候出了一点点小故障，上下的人都很紧张。地面的人你猜说的是什么话：加油啊，香喷喷的热咖啡等着你们的凯旋。"

王雪纯："我觉得怎么也得说：加油啊，你的妻子和家人在等着你。结果是咖啡等着他们。这个也是挺夸张的。还有更夸张的，更夸张的是法国人。有一度市场上咖啡缺货，法国人马上就发现满大街打盹的人多起来了，全国都睏起来了。还有一次是1991年海湾战争，当时法国也是参战国，所以老百姓一想要打仗了，可能日常用品就会紧缺，全都开始采购东西，抢购，然后电视台就去拍抢购的场面，结果从镜头里看见老百姓抢的都不是粮食等必用品，抢的是咖啡和糖，后来变成一个笑话了。咖啡进入中国相对就比较晚了，咱们国家第一本记载咖啡这项事物的书是清宣统元年出版的《造洋饭书》，这里面提到咖啡。可用的不是现在这两个字，当时的翻译特别奇怪，叫'磕肥'。磕是磕睡的磕，肥是肥胖的肥，特别难听。我就不懂为什么。"

王知："咱也喝一口'磕肥'。"

王雪纯："现在咖啡就是特别流行的时尚了。咖啡馆到处都是，年轻的人尤其喜欢喝。"

王知："现在喝咖啡都喝出花样了。有一种叫'网虫咖啡'。这个做生意真是做精了，对那些痴迷于上网的人，在咖啡里加了麦精粉，加了蜂蜜，这样在喝的时候除了能够提神以外，还可以补充大量流失的血糖。"

王雪纯："现在喝咖啡已经变成了一种趣味，是像玩一样的事情。有人还做醉咖啡，往咖啡里搁酒，有的是搁蛋黄，什么都可以搁。"

王知："对咖啡议论非常多，也有的人有一些误解，比如说喝完咖啡不睡觉，这实际上是个误解。"

其实，饮用适量的咖啡对人体健康有益无害。最早咖啡是被作为神

❑ 咖啡豆

奇疗效的药物来使用的。因为一旦使用它，就能提神醒脑，消除疲劳。如此奇妙的作用要归功于咖啡中的咖啡因，因为它能刺激大脑皮层，使大脑和肌肉轮流兴奋，让人精神焕发。如果你想改善皮肤状况，使皮肤看起来健康亮丽，那么不妨适量地饮点咖啡，因为咖啡因能让心肌活泼，血液循环增强，加速氧气和营养物质向全身输送，而且刺激胃肠蠕动，促进消化及肾脏机能，利于体内的废物排除和提高排尿率，皮肤粗糙现象会因此得到改善。

另外，喝咖啡还能够降低中风几率，因为咖啡中所含的亚硫酸能溶血和阻止血栓形成，有扩张血管的作用，使血管更通畅。

由此看来，适量饮用咖啡对人体益处甚多。所以，在晴朗的日子里，在洒满阳光的街头咖啡馆驻足，放松心情，饮一杯香浓的咖啡，既享受了美味，又有益于身体的健康，何乐而不为呢？

王雪纯："我觉得咖啡肯定对人身体不会危害那么大，否则的话在全世界也不可能形成这样一种很庞大的咖啡文化了。"

王知："有很多名人喝咖啡是非常厉害的。比如拿破伦、马克思都是喝咖啡的行家，喝得非常多。德国的钢琴家巴赫，不光自己喝咖啡，还劝别人喝咖啡。不仅如此，他还写了一个独幕音乐喜剧就叫做《咖啡大合唱》。"

王雪纯："专门歌颂咖啡的？"

王知："不是，是他实在戒不了，于是写了这么一个歌剧。主人公劝他的女儿不要喝咖啡，这叫《咖啡大合唱》。”

王雪纯：“欧洲很多城市，他们的咖啡馆之所以有名就是因为历史上有很多艺术界的名流曾经在这儿创作过，或者是喝过咖啡，和朋友聊天，所以咖啡馆就跟着有名起来了。”

王知：“喝咖啡最有名的一句话是茨威格说的。茨威格经常出去，在出去的时候就在门上留一张条，写的是：‘如果我不在家，请到咖啡馆找我’。”

（欧阳微）

NO.17 电流大战

DIAN LIU DA ZHAN

电的强大

王雪纯："王老师，我前两天看一本书名叫《现代文明动力之源》，当时我就想，可能是一个讲文明起源的书，顺手一翻，发现是一本讲电的书。后来一琢磨也对，电绝对是当之无愧的现代文明动力之源。真是这样。"

王知："我完全同意你的观点，我觉得电对人类文明史来讲，应当

开始用电

说起了一个非常重大的作用。但是你知道最早的时候，人们用的时候并不是交流电而是直流电。”

通过闪电，人类很早就知道了电的力量，可直到人们发现了直流电以后才开始了使用电能的历史。人们把释放电子能力强弱不同的金属连接，电子就会从强的金属向弱的金属流动，形成电流，这就是直流电，也是今天我们最常用的电池的工作原理。由于原理简单，直流电的出现比交流电早了很多年。

19世纪末，爱迪生利用这一原理，发明了实用性的直流电动机，也因为如此，爱迪生成为了人类将电力设想化为现实的第一人。

王知：“也就是这位爱迪生，他在历史上曾经挑起过一次电流大战，这个不是说战争，动枪动炮，但确确实实是一场大战。说到这个的时候就必须提到另外一个人，叫特斯拉。”

王雪纯：“特斯拉线圈，中学物理课学过的，我现在其实真的有点记不清怎么回事了。但是我看过一本《爱迪生传》，里面提到特斯拉这个人物的时候，感觉爱迪生对特斯拉是有敌意的。”

爱迪生

这个让爱迪生不太喜欢的特斯拉1856年出生在克罗地亚。他父亲是个神父，可他小的时候得了一种怪病，就是当他面对强光的时候，他的眼前就会出现一些怪异的幻

发明直流电动机

尼古拉

觉，这病直到他 20 多岁以后才慢慢好转。这使得他一直不能被多数人接受，也是因为这样，长大后的特斯拉没有成为神父而是去上了大学。就是在这段时间里，英国科学家法拉第在 1831 年发现的电磁感应原理引起了特斯拉极大的兴趣。

王雪纯："在1882年的时候，爱迪生已经建起他的第一座直流发电站，在纽约金融区附近。可以说，这个发电站的建成，把一个电力时代给开创出来了。可是，因为当时的他毕竟是第一次接触电，还不是特别了解，就有点害怕，觉得电有的时候会引起火灾，有的时候街上跑的马可能一触电就惊了，反正会带来一些危险。但这些都不是最要命的，最要命的是这个直流电送不远。当时的人用电其实最多就是照明，可是直流电不能变换电压。当时的白炽灯的灯丝，如果电压超过250伏就肯定烧毁了。但电压是250伏的话，这个直流电最远也送不到两千米。这个电要想送到十几千米以外去，那就得用一个像胳膊那么粗的电线才行。最后爱迪生想了一个办法：干脆，我多建几个电站不就完了？他就每隔两千米建一个电站。虽然还是非常不方便，但是当时整个电的能源使用，还是特别让人惊喜。"

王知："1884 年的时候，特斯拉带着他的交流电的发明来到了美国。

因为交流电有一个最大的特点，它可以变压，只要电压高电流小就可以解决两千米建一个电站的问题了。在欧洲，他这个交流电也不是很快就被人接受，没有人给他投资，没有人支持他产业化，没有人继续给他钱让他做科学实验，所以他当时也是抱着圆他这个梦想的想法来到了美国。”

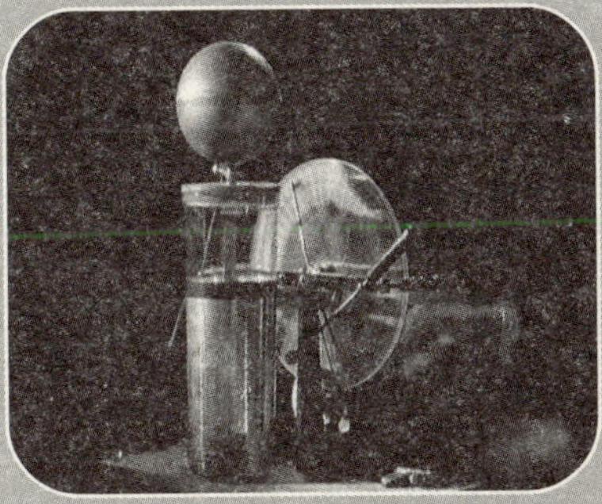
学习能量知识

王雪纯：“可是结果是挺让人失望的。爱迪生对他这个交流电不是特别感兴趣，当时就表现出来了。其实这个结果还是挺自然的。因为当时的爱迪生身份已经有点变化了，从一个科学家、发明家，更多地转化为一个大企业家了。他自己对产品，对后来的实验，及所有的兴趣都建立在直流电的基础上。他怎么可能对交流电这种想法感兴趣？那等于把他自己的很多成果都推翻了，颠覆性地推翻了。我看的那本《爱迪生传》介绍说好像有一段时间爱迪生对特斯拉的评价还是挺高的，因为特斯拉在他的工厂里工作过，而且对直流电的一些设备做过改进，所以爱迪生就说：‘如果没有这个外国人的才华的话，我的发电厂可能就不存在了。’”

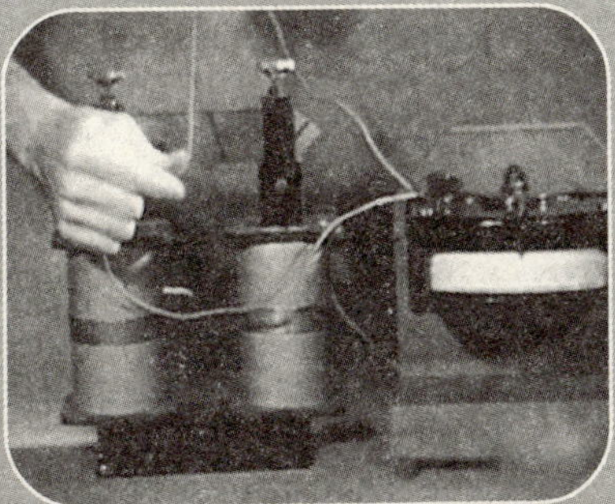
发现电磁感应原理

王知：“你说的这个完全对，爱迪生是器重特斯拉的，认为这个外国人非常聪明。但他让他干的事情只是帮助他发展他的直流电，所以特斯拉最后觉得爱迪生使他很失望，不得不离开爱迪生了。他带着交流电的发明，又去和别的人谈，碰到了一个著名的科学家威斯汀豪斯。威斯汀豪斯自己就在交流电上做过很多实验，所以和特斯拉一见面，几乎说是一拍即合。在很短的时间之内，他们完成了众多的交流电实验，开始把交流电在整个电力利用的市场上推广，直指爱迪生的直流电了。爱迪生这时候也感觉到压力了。”

❑ 发电机

在爱迪生眼里，交流电既没用又危险，他想阻止人们使用交流电。于是在19世纪80年代后期，一场由爱迪生导演的好戏上演了。他的目的非常明确，就是要诋毁交流电的名声，目标自然就是特斯拉与威斯汀豪斯创立的西屋公司。

❑ 交流发电机

尽管这场战争没有炮火硝烟，但人们依然看到了它残酷的一面。从当年珍贵的影像资料里，我们还能看到那些可怕的片段。这是爱迪生的雇员在当众电死一头大象，以此说明交流电的危险。

❑ 电气公司

1890年纽约的一个监狱，一个犯人被压坐在一把特制的椅子上，当椅子通电后，现场目击证人声称，犯人的脊梁骨突然起火，几乎同时，这个可怜的犯人就断气了。这就是爱迪生利用交流电为政府设计的电椅。他想把交流电与恐怖和死亡联系在一起。针对爱迪生的种种做法，特斯拉也做出了相应的回击，他发明了一个叫哥伦布蛋的东西，向人们展示交流电动机创造出来的旋转磁场，并且证明，只要不是用来故意犯罪，交流电是十分安全的。

1893年，“电流大战”发展到了戏剧化的顶点。这一年哥伦比亚博览会将在芝加哥举行，展会的主办者决定第一次使用供电系统。为了报复，爱迪生公司的灯泡一只也没有卖给西屋公司，以至于在展会期间，西屋公司的人还在手忙脚乱地赶制灯泡。现在特斯拉终于有了一个在芝加哥创造历史的机会，他设计制造的大型交流发电机将给整个展会提供电力，并以此证明这套设备可以被大规模的应用。

1893年5月1日，十万名热情的观众涌进展会广场。夜幕降临，总统格罗夫·克里福兰按下按钮，刹那间五颜六色的灯放出耀眼的光芒，人们仿佛看到了新城市光明的未来。展会上的巨大成功为特斯拉带来了一个更为重要的机会，他的发明将被应用到尼亚加拉水电站的建设上，这一切使特斯拉自己也感到兴奋。

1896年，特斯拉设计的涡轮发电机在尼亚加拉水电站投入使用。每台发电机的功率是5 000马力。几年以后，发电机的数量增加到了10台，到1900年，电线已延伸到了600千米以外的纽约，相持数年的“电流大战”走向了尾声，由交流电支撑的电力时代已经到来。

王知：“不是说交流电有了以后，直流电就没有用了，比如我们的电池和其他特殊用处的地方还是保留着直流电的。这两个人的性格也是非常不一样的。爱迪生应当说是一个伟大的创造家、一个伟大的实践者，而且他是一个工业企业的策划者。”

王雪纯：“管理者的形象。”

王知：“很善于实践。但从另外一个角度讲，他没有很深的数学背

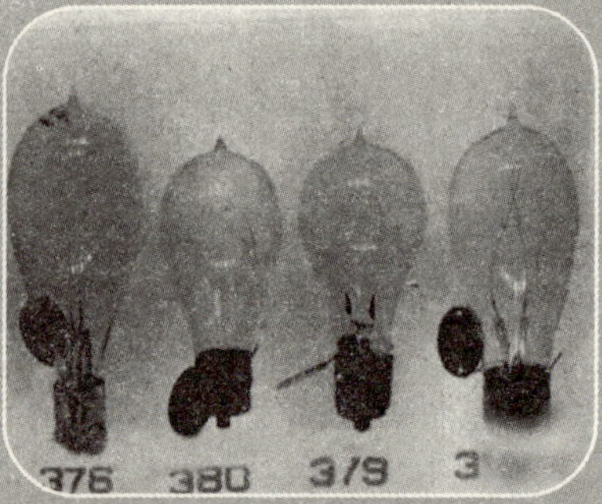

早期的灯泡

景或其他的理论知识的背景。特斯拉和他不一样，特斯拉是办什么事情，自己首先得反复地思考，一直到理论上他认为万无一失了，这个时候才开始去实践。”

王雪纯：“我还看到一个资料挺有意思的，说爱迪生和特斯拉两个人，其实都和诺贝尔奖有缘。1915年的时候，爱迪生获得了诺贝尔奖提名；然后是1937年特斯拉又获得提名。但是都是提名，两个人谁也没有真的得奖。原因之一，据说就是因为他们之间的这场‘电流大战’。在这种争斗当中，他们各自暴露了自己的一些人性中的弱点。”

（齐望达）

NO.18 邮票
YOU PIAO

猴票

王雪纯："王老师，我给你出一道谜语：西洋东洋都没有，惟有中国有。全国共有12个，人人有一个。没它寸步难行，有它行遍天下。"

王知："'十二生肖邮票。'这道谜语是日本前首相田中角荣访问中国时给周恩来总理出的。"

邮票四方联

四方联

邮品

寄信

王雪纯：“世界上许多国家都把邮票视为一个国家的名片，是因为邮票不仅是寄信的一种资费凭证，它已经逐步发展成为一种文化，比如集邮。”

王知：“说到集邮，还有一些趣闻呢。有个集邮爱好者，收到一位好朋友寄来的一封信，他一看邮票不错，就把邮票剪下来欣赏，等回头再找信时，找不到了。于是他给朋友写了封回信，说：‘邮票已经收到，非常感谢。但你的信被我丢失了，希望你再寄一封信来，请不要忘记，邮票要好一点。’”

王雪纯：“现在集邮爱好者很多，他们把那些设计精巧，印刷精美，发行量不大，或印有错误的邮票作为自己的收藏品。”

王知：“1941年2月21日，中华民国邮政发行了一套孙中山像普通邮票，由纽约美国钞票公司承印。这套邮票在面值为2元的邮票套印时，因印刷工人的粗心，把边框印倒了，产生了孙中山像‘边框倒印’的错体票。这种错体票，当时仅发现一个邮局出售全张，共50（10 × 5）枚，别的邮局没有发现这种整版的错体

最早的邮票

票。由于存世量少，被集邮界列为珍贵邮票——珍邮。”

王雪纯：“这张错体票是被当时重庆一个叫郑晴初的中学生偶然购得并发现的，引起极大轰动。经过几十年的变迁，如今他手里仅留有1枚了。1992年9月30日，在香港举办的‘中国和香港珍邮、信封’大拍卖中，以121万元港币拍出的一件错体票的十方连，再次轰动邮坛。”

王知：“物以稀为贵嘛。还有因发行量少也成为广大集邮爱好者的收藏品：如1980年2月15日我国首次发行生肖邮票中的第一版猴票。”

1980年2月15日，也就是猴年到来的大年夜。国家邮政局发行了我国历史上第一枚生肖邮票——庚申年。24年前发行的这张邮票，不仅成为我国第一枚生肖邮票，同时也是直到现在被大家谈论得最多，也是最具有收藏价值的一枚生肖邮票。画面上是一只清灵飘逸的猴子，它的作者就是艺术大师黄永玉先生。

猴票刚发行不久，朱祖威搞了一个邮票展览，叫鼓楼邮展。正在春节的时候搞了一张入场券，一个邮折就贴了一枚猴票，盖了一个鼓楼邮展的戳，当时就作为入场券。最后剩下一版猴票没人要，说还有一版最后怎么办？张美英秘书长坐在门口着急，说还有一版猴票，谁要？6块钱！6块钱！很多同志都不要。最后他说了，老

邮票发明人罗兰西文一

邮票发明人罗兰西文二

朱你是会长给你。朱祖威就拿了六块四给他，把这猴票卷成卷拿回家去了。

当年猴票的预定发行量是800万枚，北京邮票厂印了多出发行量一倍的数量，最后发行出来的，却只有500万枚。发行一年之后，这张邮票的市场价格开始上升，在1997年，最高时涨到了每枚1 800元人民币，整版达到了16万元。

王知："一枚小小的邮票竟引出这么多有趣的故事。从1840年5月1日邮票的诞生到现在只有164年的历史，但邮票诞生的道路确是很漫长的。1490年，第一条连接奥地利和比利时的邮路就是以驿站的形式出现的，它标志着邮政从此诞生了。"

王雪纯："三千多年前我国就出现了驿站，怎么着这邮政业的先驱者也有我们一份呀。"

王知："我国的驿站传递只传递官府文书，为宫廷服务，就相当现在机关里的一个部门，不对外营业。而连接奥地利和比利时的邮路是官民共用的邮道，走的是市场经济。"

王雪纯："这么说中国早在三千多年前就已经奠定了邮政的基础，只因为没有和市场接轨就与世界第一失之交臂了。"

王知："对。从世界上第一个邮政行业的成立到一些国家陆续开办邮政业务，有一个问题一直没能解决，就是邮件的资费应该由寄件人还是由收件人支付？"

王雪纯："据说当时有一些国家规定寄件人不付款，收件人付款；

有些国家是寄件人付款，收件人不付款。中国寄件人收件人都不付款，宫廷拨款。”

王知：“这个问题整整经历了350年的时间。直到1840年5月1日世界上第一枚邮票在英国问世，这一问题才得到解决。”

王雪纯：“就是那枚维多利亚女王侧面像的‘黑便士邮票’。”

王知：“1840年5月1日，第一枚邮票在英国问世，5月6日开始使用，面值是1便士。由于印成黑色，所以俗称黑便士邮票。”

王雪纯：“这枚邮票不仅是世界上第一枚邮票，而且它还有一个特点，就是没有印国家的名称，因为那时别的国家还没有发行邮票，这样久而久之就成了传统。至今英国发行的邮票还是不印国名，而以王冠、国王头像作为国家名称的标志。”

王知：“邮票诞生后，大大简化了繁琐的邮政资费手续，加快了信件传递速度，使当时英国的邮政收入逐年增加，于是各国纷纷效仿。”

王雪纯：“美国也想发行邮票，但因为当时它正在打南北战争，心有余而力不足，没有那么多精神，于是只有12个城市首先发行了邮票。事隔2年之后，美国统一了，才发行了第一枚标有USA的邮票。”

王知：“世界上第一枚印有两国文字的邮票是奥地利和瑞士同年发

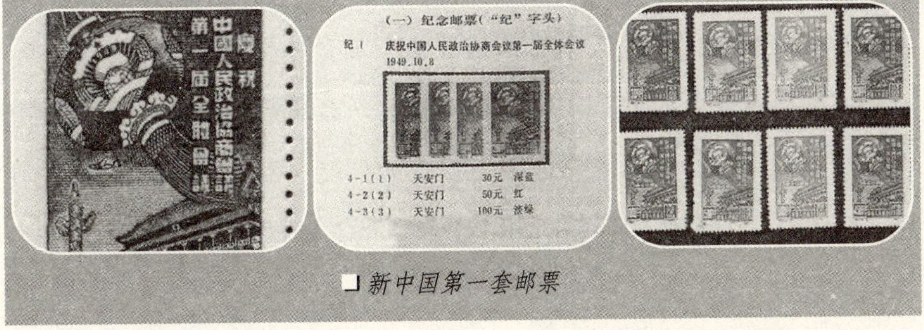

❑新中国第一套邮票

❑ 邮票图样

行的，票面上印有奥瑞两国名称，因为这枚邮票可以两国通用。”

王雪纯：“中国是1878年正式发行邮票的。当时中国设立的邮政机构，归海关管，这样上海海关造册处当年就印制了一套以龙为图案的3枚邮票。邮票图案正中是一条五爪金龙，邮票的颜色和面值不同，面值用银两计算：一分银（绿色，寄印刷品邮资）、三分银（红色，寄普通信函邮资）、五分银（橘黄色，寄挂号邮资）。这是我国首次发行的邮票，集邮界习惯称为‘大龙邮票’。”

王知：“这枚邮票是雕刻家用手工在铜板上逐枚雕刻的。第二次印刷于1882年，排版时每枚邮票之间的距离稍大，称‘阔边大龙’，其中五分银未使用过的新票极少见，25枚的全张新票全世界仅有一张，是中国早期邮票最著名的孤品。”

王雪纯：“这套大龙邮票由于采用铜模制版，没印几次，大概只有3次吧，就损坏了，以后再也没有印大龙邮票。大龙邮票作为中国发行的第一套邮票，在邮票发行史上具有重要位置，因而被称作邮票中的珍品。”

王知：“新中国的第一套邮票是在建国第8天——1949年10月8日发行的《庆祝中国人民政治协商会议第一届全体会议》。”

在新中国成立的第8天，人民邮政的第一套邮票诞生了。这就是纪1，在庆祝中国人民政治协商会议第一届全体会议上发布。这套邮票是孙传哲先生制版，由张仃和钟灵两位先生制定的。其实，张仃先生的工作重点不是绘制邮票。

张仃先生回忆说：“我主要是画政协会徽，政协会徽画全国人民大团结。那么画4面旗，这4面旗代表工农商学，也可以说是四面八方。地球上，当然中国的地图变成红的了，所以我画邮票的时候就把这会徽用上去了。”

中国人民政治协商会议第一届全体会议是决定创建中华人民共和国的重要会议。所以纪1邮票是相同意义上的开国邮票。仔细端详邮票画面上的众多细节，人们会发现，这些图案在开国盛典上，都有壮美的展现，种种传奇，令人惊叹不已。实际上，纪1邮票是在召开政协会议时，在开国前三四个月就作为绝密任务，而在上海开始印刷。

朱彤：“从纸张、齿孔还有设计的图案上，和现在发行的邮票来比，都不能算精美。但是这枚邮票的意义却非常巨大，尤其收集新中国邮票的集邮者，在收集自己邮票的时候，都愿意把这一套邮票作为自己收集的重点。这枚邮票也可以说是新中国成立以来的首张名片。”

全套纪1邮票的图案，都是统一的，相差的是各枚的颜色和面值。因为这套邮票印制于建国以前，邮电部尚未成立，所以邮票上的铭记还选用了“中华人民邮政”的字样。纪1邮票还有一种东北贴用版，是专门在东北地区使用的。

画在宫灯上的政协徽

王雪纯：“建国已来，我国已正式发行了850余套3 200多种邮票，在方寸之中展示了人类社会的聪明才智。”

王知：“邮票虽小，标志性却很强。邮票的齿孔虽然没有被列为邮

❑ 印邮票

票的要素，但无论是集邮者还是普通的消费者，都视其为邮票的一个最醒目、最易识别的标志。就像人们一见到水兵服上的飘带就会想到海军士兵一样，人们一看到齿孔，就会想到邮票，而不会认为是火花或其他什么商标之类。”

王雪纯：“英国发行的第一枚‘黑便士’邮票是没有齿孔的，因为那时邮票打孔机还没有发明，邮局出售邮票时，须用剪刀逐枚剪开，非常麻烦。1847年，爱尔兰人亨利·亚策尔（Henry Archer）发明了邮票打孔机，并获得专利。1853年英国政府购买了他的打孔机专利权，1854年发行了世界上最早的齿孔邮票。”

王知：“邮票的齿孔除了具有很强的装饰性功能以外，其最原始、也最基本的功能就是便于在销售和使用时逐枚分撕使用。除了实用性和装饰性，邮票齿孔还可以发挥十分独特的鉴别与防伪作用。我国是从1998年开始使用异形齿孔防伪方式的，《何香凝国画作品》邮票首次采用了两个椭圆形异形齿孔；随后《澳门回归祖国》《中国“神舟”飞船首飞成功纪念》《步辇图》《图书艺术》《保护人类共有的家园》《甲申年》《成语典故（一）》等邮票先后使用了异形齿孔。”

王雪纯：“另外，为了方便人们使用，邮政部门发行了各种不同面值的邮票，这样做，可以节省寄件人的时间，也便于邮局的工作。”

王知：“研究邮票的面值，可以了解一个国家当时的经济状况。中

❑ 邮票齿孔

华邮政在1946~1949年期间，由于通货膨胀，物价飞涨，1949年发行过面值达500万元金圆券的邮票，可以想象得出来，当时的货币和金圆券贬值到怎样的程度。”

王雪纯：“美国自1975年以来，多次发行无面值的邮票，供寄递国内信件贴用。如1975年美国邮政部门准备提高国内信函邮资，因印制该年《圣诞节》邮票时，提高邮资还没有得到国会批准，于是只好印制无面值的邮票。等国会通过后，再在邮票上盖一定数额邮资的戳。等下次再调整邮资时，邮票不变，换个戳就可以了，真是以不变应万变。”

王知：“现在有一种电子邮票：又叫自动化邮票。这种邮票与一般邮票不同，它不是整张邮票撕开后出售，而是根据邮资需要由电脑控制的自动售票机加盖面值出售的。”

（高山）

NO.19 电话的发明

DIAN HUA DE FA MING

贝尔实验

王雪纯："每次说到开头的问候语，我老是忍不住想说：这里是有一说一，我是严守一，老想学葛优在《手机》里的那段话。那电影我觉得给人印象挺深的。"

王知："是挺不错的。那咱们今天就讲讲关于电话的故事。"

王雪纯："我小时候有个印象，就是打长途电话、拍电报，都是爸

实验

爸妈妈带着去西单那两个挨着的大楼：长话大楼和电报大楼。我自己还从来没有真发过电报。”

王知：“你一说电报，我想起一个大家都熟知的故事，这就是泰坦尼克号。1912年4月11日，泰坦尼克号开始它的第一次航行。头两天一点事没有，风平浪静。船上装的各种先进的通讯设备，也没有收到任何警报。但是到14日的时候，陆陆续续，前面的船就发来了信息，说在前面遇到了冰川，让后面小心，但是船长以及船主对这些事情根本没有重视。他们觉得这艘船是那么一个庞然大物，有什么它也能撞得开。结果一直到了1912年4月14日，船就撞上了冰山。当撞上了冰山以后，他们又想赶紧寻救，急着往外发电报。当时周围只有一艘船，叫“加利福尼亚人号”。“加利福尼亚人号”当时收到了电报，但是恰恰收报员睡着了，错过了拯救他们的这个机会。结果到4月15日的清晨2点，船就沉没了。”

王雪纯：“所以说到通讯设备和通讯手段的进步，还真得感谢美国科学家贝尔。大家都知道他是电话的发明人，是公认的电话创始人。实际上贝尔原来是一个聋哑学校的教师，他发明电话、给聋哑人设计助听器，这两项研究还是有点关系的。电话的发明有一个特别具体的日期被记录下来：1875

实验成功

世界上第一个电话网络

年6月2日。那天贝尔在进行最后的对电话模型的测试。他有一个助手叫沃森，当时沃森是在隔壁一个房间，他准备接收电话信号。可是贝尔在准备过程中，不小心把一些硫酸洒到身上了。他一紧张就大喊：'沃森先生，快来帮我。'结果这个声音不是通过门和墙传过去的，而是通过他的电话模型。沃森在另外一个房间听到他的声音了，就特别激动，也顾不上帮他，跑过来就告诉他说：'贝尔先生，祝贺你，你的声音我通过它听到了！'直到现在，他们发明电话的美国波士顿法院路109号门前仍有一个铜牌镶在那儿，上面写着：1875年6月2日电话诞生于此。"

王知："关于电话的发明现在还有一点小小的争议。美国有一个科学家叫格雷，他也是几乎同时发明了电话，所以他到法院起诉，说电话是他发明的。法院经过调查以后，根据两件事情做了判断：第一，贝尔先注册，比他早几个小时；第二，贝尔发明的电话叫磁电石，他是利用电磁感应的原理发明的，而格雷的是液体电话。所以最后就判贝尔拥有电话的发明权。1877年，贝尔安装了第一条由纽约到波士顿的电话线，这是很不容易的。还有人通过电话线向《波士顿环球报》报道了一条新闻消息，这也算是电话第一次应用到我们的社会生活中了。"

王雪纯："电话是1875年发明的，没过几年它就传到中国来了。1881年，英国有一个电气技师，在上海的街头立起一个电话的设备。当时这是很稀罕的西洋景，根本就没有什么实际功能，就是收了钱让大家图个新鲜打着玩儿。这个东西总得有个叫法，叫什么名字呢？就用英文‘telephone’的译音，翻译过来叫‘德律风’，是译音。当时的上海人有自作聪明的，说德律风是一个发明电话的人的名字，为了纪念他就叫德律风。真正在上海外滩建起第一个电话局的是丹麦大北电报公司，刚一开始就有25家用户，那时候也算不少了。”

与上海相比，紫禁城内装上电话则要晚了好多年。直至1921年，大内才装上第一部电话。据末代皇帝溥仪在《我的前半生》一书中回忆，他听说电话这个神奇之物之后，就闹着要在宫里装上一部，并由此在朝廷上下引起了轩然大波。

王雪纯：“任何一个新生事物刚刚走进人生活里来的时候，人们在好奇之余，可能都多少还有点害怕，不是所有人都敢尝试的。”

王知：“我读过梁实秋写的一篇散文就叫《电话》，写得非常美。当时为了赶时髦，他们家安了一部电话。他写道：‘第一次来电话的时候，举家惊慌奔走相告，有的人还不敢去接听，不知怕的是什么。’特别生动。”

交换中心

王雪纯：“写得非常生动。”

王知：“实际上是怎么回事呢？就是来了电话以后，有的人拿那个怕触电，有的人不知道怎么操作，最后大家只是围着它转，一来电话就喊：‘来电话啦！来电话啦！’但谁都不去接。”

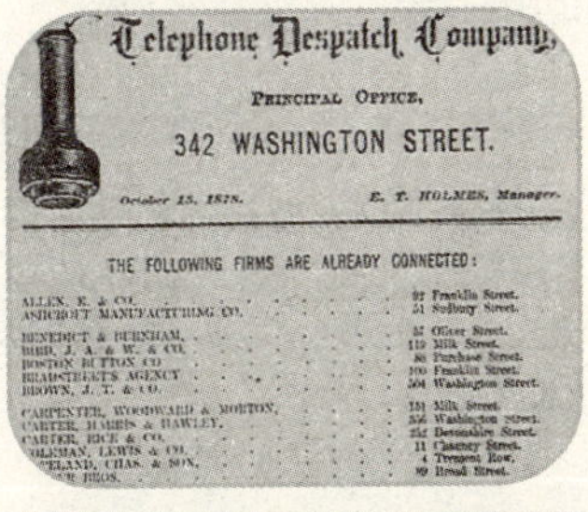

Telephone Despatch Company,

PRINCIPAL OFFICE,

342 WASHINGTON STREET.

October 15, 1878. E. T. HOLMES, Manager.

THE FOLLOWING FIRMS ARE ALREADY CONNECTED:

第一个电话

王雪纯：“电话刚开始发明的时候有

□ 架线

好多笑话。最早的电话机因为看上去就像一个旧式照相机的盒子，前面有一个突起的圆形的东西，那个既是听筒，又是讲话的传声筒。所以打电话的时候特别忙。你得一会儿用耳朵凑过去听，一会儿要说话的时候再用嘴对着它讲。据说最开始使用电话的时候手忙脚乱，好多人在调换的过程中把耳朵和嘴都蹭破了。最好玩的是好多这种电话机上还会贴一个标示：请不要用嘴听，用耳朵说。怕有人用反了！最早的电话机是摇把电话机，据说这种摇把电话最早还是由发明家爱迪生发明的。一开始打电话都是要通过接线员，这个工作非常繁复。后来在20世纪初的一年，美国的马萨诸塞州流行麻疹。那时候一个医生就担心，如果接线员病了，那就意味着可能大家都会得病。如果他们都倒下，整个电话网络就瘫痪了。因为这个事情才刺激人们去改进电话的拨号方式，后来有拨盘电话。而摇把电话让我想起《手机》开始的那一段，他们骑了老远路的自行车去打电话，就是那种摇把的。我都没使过那样的电话。”

王知：“20世纪60年代初期的时候我去打过一次长途电话，那还是带着午饭去的呢。”

王雪纯：“那跟电影里不是一样吗？还得包一顿饭。”

王知：“你得注册上，他给你登记，一个多小时以后能排上就很不错了。但是你通话的地方，有的根本没有这种长途业务，你根本叫不通。

到了20世纪60年代的后期，电话发展了，电话发展以后一个大的事儿就是电话号码越来越长了，于是人们就由转盘式的改成按键式的。这种按键式的电话让人们操作起来方便多了，所以它也推动了电话的发展。”

最初电话用户间的连通是依靠人工交换。随着用户增多，这种方式开始无法满足急剧增长的通话需求。此后电话交换方式不断改进。进入20世纪80年代，随着计算机、数字信号处理技术的日益发展，电话通信也在向数字化方向迈进。程控数字电话交换机在世界上开始普及。它处理速度快、容量大，可向用户提供更多更方便的电话服务。尤其是实现光纤通信之后，电话通信业务有了极大的发展。电话成为我们生活中不可或缺的沟通工具。

王雪纯：“说到打电话好玩的事情，我觉得再讲笑话也讲不过后来马季先生那段相声。就是他的《打电话》，讲一个人用公用打电话啰嗦没有公德。为的是约人家看场电影，结果电影都完了，这电话还没打完呢。而很多人还在排队等。但是也可以说，这个相声从另外一个角度折射出来当时通讯设备还是落后，那么多人排着队就为等这一部电话。”

老式电话机

爱迪生

最初的电话用户

❑ 接线生

王知："电话真正发展起来也就是最近这二三十年的事。你记不记得头十几年的时候，有一阵非常时兴一个小黑块：呼机。有些年轻人拿着那个以后觉得神气得很，一天到晚地见了面，'有事你call我啊'。嘿，牛极了。"

王雪纯："因为这个通讯设备的出现还发展出好多新名词来。"

王知："等手机出现以后就更不得了了。虽然那时候手机个很大，往那儿一摆像一块砖似的，但是大家都管它叫'大哥大'。为什么叫'大哥大'？我想无外乎就是对它的仰慕和尊重吧。"

在第二次世界大战中出现的步话机是移动通信的萌芽，战后经过改良常在巡逻车、救护车上使用。此后随着汽车工业的发展出现了车载电话。这是移动电话的最早形式。20世纪70年代末，模拟蜂窝式移动电话通信系统开始投入使用。现在移动通信正朝着数字化、小型化和综合化方向发展。由于它使用方便，所以在世界范围内开始广泛普及。

王知："但是有些岁数大的人对现代通讯设备也有一些不同看法。你看，一天到晚只会打个电话，说话都说不完整，连封信都不会写了。过去信里那些优美的词句、感情抒发，都变成了'我在哪儿'，一下就说完了。"

王雪纯："在美国的麻省理工学院，有一项发明指数调查，这个调查里就问到很多美国人，哪种发明让他们讨厌可是他们又最不可缺少，名列第一的就是手机，紧接着才是闹钟、电视机等。”

王知：“这里缺少的我觉得是有一个人与人之间的尊重，人与人之间的理解。对于手机也是这样。我觉得人与人之间应该互相尊重，特别是对人的隐私要互相尊重。这样的话我们的生活才会步入正常。”

（欧阳微）

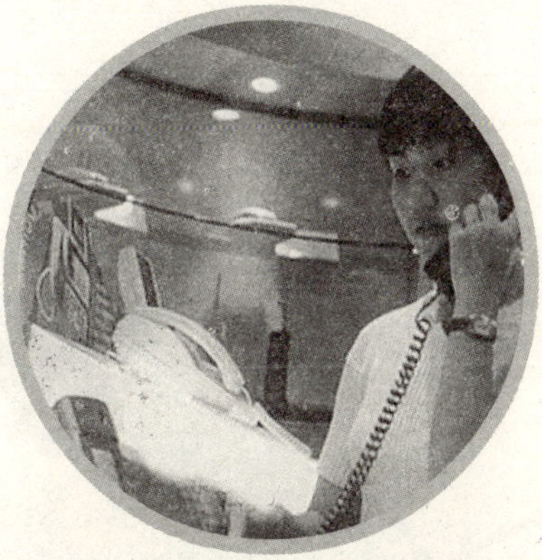

打电话

NO.20 蹦极

BENG JI

最早的“蹦极”

王雪纯：“王老师，我最近看了国外一份报告，说生活在大城市的人，现在有百分之九十都患有恐高症。这个比例是不是太高了？因为它包括了好多种，比如有些人不敢坐飞机，这算一种；有的人是不敢坐透明的观光电梯；有的不敢站在阳台上往下看；更有甚者，是不能站在凳子上换灯泡，说这个高度他也晕。我觉得太夸张了。”

设计从埃菲尔铁塔上蹦下来的人物

王知:“这其实也不用担心。有的人恐高,也有的人他特别喜欢向高处走。到越高的地方他越兴奋。这还不可怕,他到了高的地方以后,有一种欲望想跳下来。这还是影响了很多很多的人,这就是我说的‘蹦极’。”

王雪纯:“您吓我一跳。我是没有恐高症,但是蹦极我是坚决不做。有一次我们在非洲拍片子,当时在一个大桥上有好多人在蹦极。那个编导就说,多好玩呀!你去蹦极,咱们拍你蹦极这个过程多好。我觉得那是我从业以来最不敬业的一次。我打死也不去,说什么也不拍,我就是克服不了这恐惧,想想就觉得不行。但是我所有有过蹦极经验的朋友都跟我说,确实特别刺激,而且好多人是一次蹦完还想再蹦。不知道为什么他们就觉得那么过瘾。我听说最早的蹦极是英国牛津大学的一个极限俱乐部的一帮人,好像是在1979年的时候,他们最早想出这么一个主意来玩。那个时候他们做的那个绑在身上的绳索弹力还不是特好,当时他们找了一座70多米高的大桥,是从那开始玩起来的。”

王知:“你这是一种说法,还有一种说法,就是比这个还往前,大约是在公元6世纪的时候,瓦努阿图岛的一批青年人,他们就开始从事这种蹦极活动了。”

说起蹦极的来源,还有一段有趣的故事。公元500年前后,西太平洋瓦努阿图部落的一位土著妇女为逃避丈夫的虐待,爬上了高高的可可树,用一种当地具有弹性的蔓藤牢牢绑住脚踝从树上跳下来,紧跟其后的丈夫也随之跳下。于是，柔软的蔓藤救了女人的命，而暴虐的丈夫则命丧黄泉。此后，当地人每年都会进行这样的仪式，一方面是为了祈祷上天的赐福，而更重要的是，它是岛上部落里每一位男性的成年仪式。

王雪纯："原来这个'蹦极'还起源这么古老，我觉得好像也就是最近这几十年才开始流行起来的。"

王知："关于这个事，最早的时候，我也是翻了一本书，说是在1970年，有一个《国家地理》杂志的记者，是个美国人，叫穆勒，他到瓦努阿图岛采访，看这蹦极挺好玩，就在一个23米高的高塔上头，他自己绑着藤条往下跳了一次。后来这就变成了除了瓦努阿图岛当地人以外第一个外来人，惟一有记录的蹦极历史。"

王雪纯："刚才我不是说英国牛津大学有一帮人在玩蹦极，他们当时玩为什么没有流行起来？是因为他们设备不好。他们用的绳索，弹性不是特别好。真正让蹦极在全世界都玩开了的是一个新西兰人叫哈克特。这个人特别喜欢冒险，他从朋友那里听说有这么一种运动挺好玩的，就专门去找了新西兰奥克兰大学的一个教授，让这个教授帮他们研制了这么一种绳子，是弹性又好，而且强度特别大，这样安全系数就高了。有这么好的设备以后，才把蹦极玩得特别专业。"

跳下埃菲尔铁塔

成功

王知：“就是这个哈克特，他有特别高的积极性。他征服了新西兰所有的大桥，也就是说所有能跳的桥让他都给跳完了，创造了很多吉尼斯世界纪录。这还不算，他这个事情影响了一堆年轻人，一下风靡了世界。”

王雪纯：“但是他在新西兰玩得还不够过瘾，马上又把目标放到了一个更大的蹦极点上。您猜什么地方？”

王知：“不知道。”

王雪纯：“他看上巴黎的埃菲尔铁塔了，他要去那蹦极。”

王知：“你这么说，我觉得有点悬。那个地方有警卫，而且那么多的监视设备，他怎么可能去那跳。”

王雪纯：“您这个顾虑是对的，哈克特也想到这一点了。他为了跳这一下，您知道他花了多少时间做调研吗？他就在埃菲尔铁塔周围踩点，花了很长的时间，带着一帮助手一帮朋友。首先他们得确定一个蹦极点，就是在哪层上，哪个地方跳。选好点以后，就开始要攻破埃菲尔铁塔的保安系统了。他们得看每天有多少人巡逻，有几拨巡逻，巡逻的时候都查什么，塔上有几个摄像机镜头，都分别拍什么位置。很多这些保安的细节，都必须摸得清清楚楚。”

❑ 从直升机上跳下

蹦极运动兴起

王知："你说的这是美国大片要抢银行吧？"

王雪纯："真是那样，要不然他怎么可能躲得过那些保安呢？等到全都摸清楚以后，在跳的前一天，铁塔快关门没关门的时候，比较乱，他就趁乱找了他这些朋友，把他所有的设备，包括吃的东西，睡袋还有蹦极的设备，大家分散，一个人拿一点，不招眼，就往塔上运。运到他选好的地点，这个行动就开始了。开始前真的像打仗一样，大家先对表，弄得非常精确，然后就散开行动：先是派了两个女同伴，这女同伴是干吗呢？专门去分散警卫的注意力，去跟警卫室的人说话，有十多分钟能够吸引警卫室的人注意力，让他们不会看监视器。还有两人被派去专门挡住有几个部位的监视器，让它拍不到当时的情况。然后哈克特和他另外一个助手，就在那待了一夜，开始准备第二天跳。"

哈克特使蹦极风靡世界的同时，也在不断挑战蹦极的极限。由于蹦极运动的推广和商业化，使得蹦极在设备与一整套技术技巧上得到了完善，蹦极的安全性也越来越有保证了。当安全不再是问题的时候，我们需要战胜的就只有自己了。

86岁生日用蹦极来庆祝

王雪纯："现在玩蹦极的人真是越来越多了，但是我老觉得对身体还

❑ 蹦极给人们带来快乐

是有伤害。从这么高的地方突然一下掉下来，还吊在那儿很长时间，忽悠忽悠地。据说有的曾经后背受伤，还有的是视网膜脱落，还有严重的据说有眼球爆裂，脑损伤。”

王知：“其实也没那么危险，我要给蹦极平一下反。只要医生认为你的身体适应，应该说是没问题的。但是有癫痫病、心脏病的最好不跳，还有怀孕状态下的人，我觉得最好还是不跳。因为这样的话对身体有点危险。其他的我认为问题不大，主要就是绳子的选择要和你的体重非常合适，你体重不到50千克，却选择了一个适合100千克的人的绳子的时候，你几乎感觉是拿一个钢索在跳，抻得你是非常厉害的。第二个就是你在跳的时候，要把整个规范的动作做好，不要让一些绳子，磕磕绊绊地绊着自己。一般出事都是属于操作程序不太规范。总的来讲，要是按照规范去做，蹦极还是很安全的。”

王知：“我60岁的时候，去跳了一次。”

王雪纯：“真的？”

王知：“有证书为证。就从最高处往下降的那三四秒钟，我觉得脑子里是一片空白，但那阵子特别好玩。”

（齐望达）

❑ 正在蹦极的人

NO.21 中国星座的划分

ZHONG GUO XING ZUO DE HUA FEN

星座的故事

早在古巴比伦时代，或者是更早的美索不达米亚文明，人们为了占星的需要，将较亮的星划分成若干“星座”。他们把星空中较亮的星星用想象的虚线连接起来，描绘出人或动物的形象，并加以命名，这就是最初的星座，像金牛座和狮子座。

到了公元2世纪，希腊人将星座和娓娓动听的古希腊神话传说联系起来，在北半球的星空便出现了今天人们所熟悉的猎户座、仙女座和古希腊的星座。南天的星座和16世纪环球航海的成功有着密切的联系，这个区域的星座多是像六分仪、罗盘、望远镜等和航海有关的名称。

主持人和专家

1928年，国际天文学联合会清楚地划分了星座的边界，全天划分为88个星座，使每一颗星星都属于一个特定的星座。星座中按星星的亮度用希腊字母排序来称呼，最亮的为α，接下来是β，以此类推。

天文学史副主任王荣彬

我们常常提到的十二星座又叫黄道十二宫，是88个星座里面比较特殊的一个群体。由于地球绕太阳公转，从地球看去，太阳像是在星座之间移动，人们把太阳的运行路线叫做黄道，而月球和行星的轨迹基本不离黄道上下9度的狭窄区域，人们又将这个区域叫做黄道带。自古以来，黄道带有着特殊的天文和占星学上的意义。古时黄道带上有12个星座，而太阳基本上是每个月经过一个黄道星座，所以称为黄道十二宫。今天，由于岁差的缘故，太阳经过黄道星座的日期已经和古代大不相同，而且黄道也多经过了一个星座：蛇夫座。

古巴比伦时代

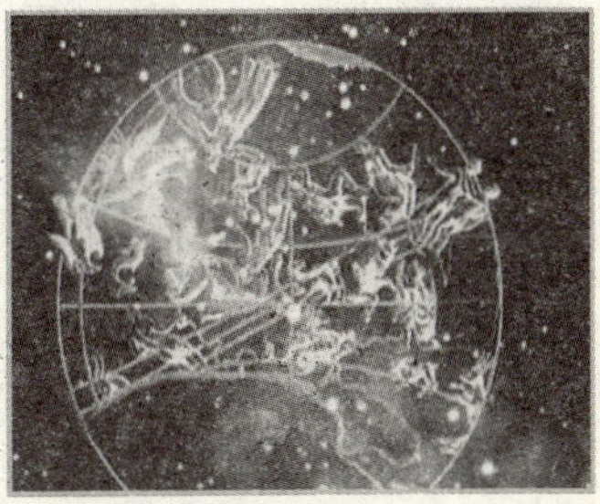
美索不达米亚文明

古希腊的星座都是用一些神话故事里的英

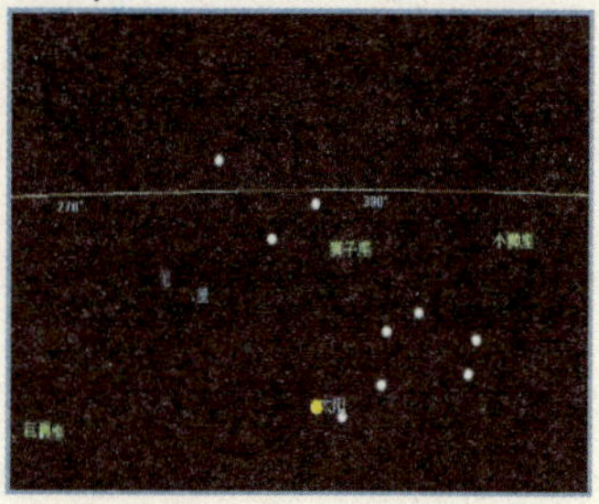

最初的星座

公元2世纪的星空

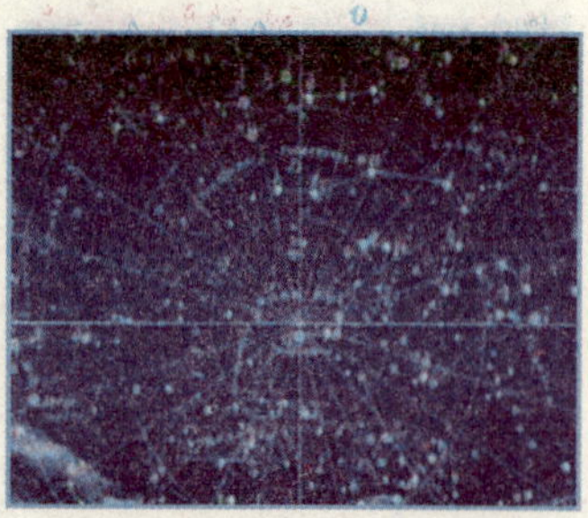

北半球的星空

星座与航海之间的关系一

雄人物、动物、器物来命名，所以天空从它画出来的图上来看也是特别生动。古希腊的星座故事里有一个大熊星座的故事，讲的是过去有一个很美丽的少女与天上最伟大的神宙斯的一段情缘，生下了一个儿子阿卡斯。后来这个事情让宙斯的妻子(赫拉)知道了，她很生气，就施了一个魔法把这个少女变成了一头大熊。15年过去了，阿卡斯长大变成了一个非常出色的猎人。赫拉就安排少女变的大熊和猎人阿卡斯在森林里相遇，阿卡斯并不知道眼前的这头熊是自己的妈妈，他就很自然地拿着矛要去刺它。幸好在这个悲剧发生前的一瞬间，宙斯在天上看到这一幕，他赶紧施了一个魔法，把阿卡斯变成了一头小熊，从此他们母子就生活在一起了。现在我们在天上看到的大熊星座旁边不远的就是小熊星座。

大熊星座在中国古代星座里面就是人们非常熟悉的一个星座——北斗七星，北斗七星是大熊的躯干和尾巴。

那么中国的星座到底是怎样划分的呢?

早在上古时代，中国人便开始观察天象变化，并将星象的变化和人类的活动联系起来："银烛秋光冷画屏，轻罗小扇扑流萤，天阶夜色

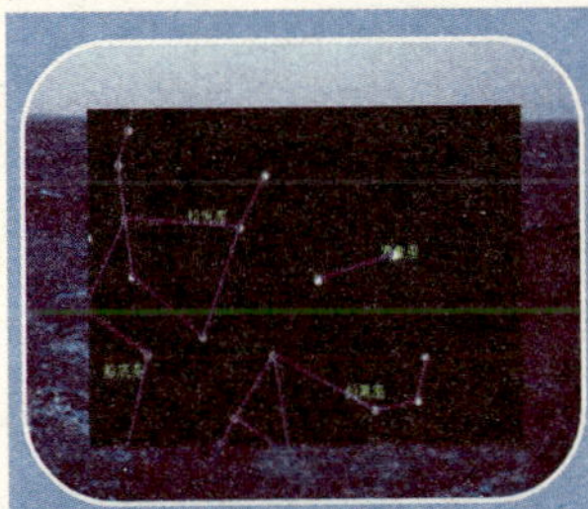

星座与航海之间的关系二

观测天空

88个星座分布图

凉如水，卧看牵牛织女星。”为了便于辨认和记录，古人将星空中若干相邻的恒星组合在一起，用皇家政府机构和官员的名称命名，所以称为星官，意思是天帝的官员。星官和西方的星座有着异曲同工之妙。星官中的星星少则一颗，多则几十颗。

中国星座大致上形成的时间是从周代一直到两汉，是在发展中形成的。

星官是散落在星空中的，为了更好寻找，中国古人将星空分成三垣二十八宿三十一个星区。北天极和近头顶天空分为3个区域称为“三垣”，它们分别是“紫薇垣”天帝居住的皇宫、“太微垣”是天帝处理政事的地方，而“天市垣”是与各诸侯国交易的地方。其他就像切西瓜一样，沿着两极，把天球切成28块，记为二十八宿。它不仅包括各宿星座自身，落在每一块里头的星座都属于这个星宿范围。

据《吕氏春秋》记载，中国古人很早就发现月球大约是27.3日走一周，黄道带被分成二十八星宿，月球大约是一天走一个宿，就像一天住一个宾馆，这样便于记录月球的位置。每七宿组成一象，共为四象，用动物来命名，它们分别是苍龙、白虎、朱雀、玄武。与三垣的皇宫大臣对应，四象则象征着四方臣民。

无论是把它分成28个天区，还是把它分成十二宫，都是一种需要，是一种人为的划分方法，很难说哪个更科学，它是为了适应本民族的习惯的需要。

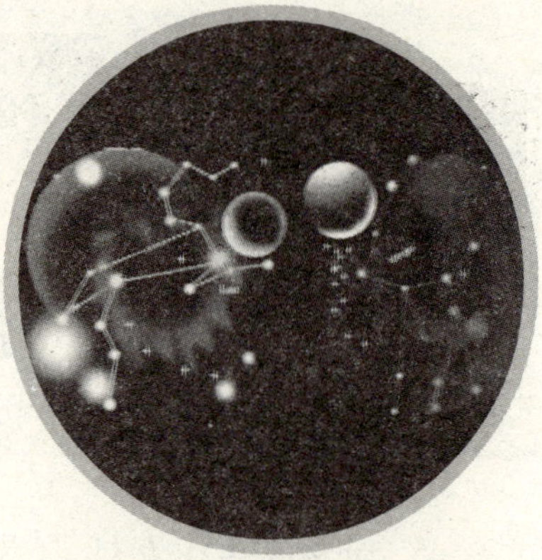

黄道十二宫

由于中国古代对天体的划分方法比较特殊，所以在对天体的位置计算上，古代中国采用的是赤道系统。

西方古代是用黄道十二宫，用黄道坐标来表示的，但是它到近代以后也改成赤道了。谁更方便，谁更科学，各有看法。英国的科学史学家李约瑟认为中国的更科学一点。

无论是赤道系统，还是对星空的划分方法，都是我们先人留下的宝贵的科学文化遗产。在它们就要被大多数人遗忘的时候，陈久金先生经过多方考证、研究和整理，出版了一本叫做《星象解码》的书，就是为了让我们后人了解古代中国曾有一个多么富有幻想的星空。

中国古代天文学应该说有很多非常优秀的思想，到现在都是很有价值的。其中影响最大的就是天人合一的思想。中国古代星座的命名就是在天人合一的思想下产生出来的。在天人合一这个哲学思想里面的天，古人把它理解成是一个神秘的活物，古人对它是非常敬畏的；天人合一的人则指的是皇亲国戚、股肱大臣，

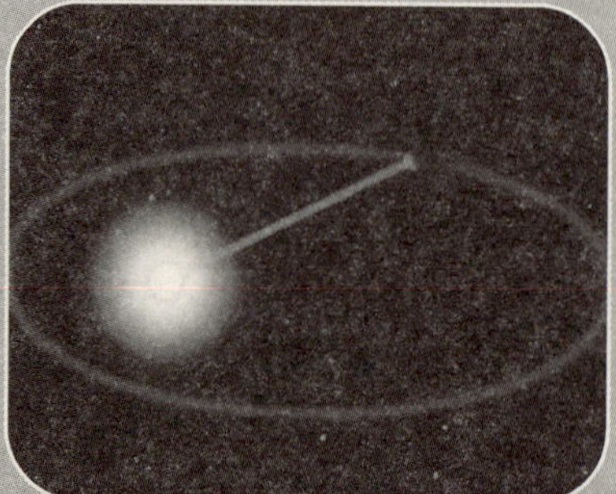

特殊的群体

所以平民百姓的命，天可能就无暇顾及了。

天虽然顾不上普通百姓，百姓却学会了观察天象变化判断季节。在公元前5 000年到公元前1 000年北斗星离北极天顶最近，随着季节的变化绕着北极转圈子，所以古人云：斗柄东指，天下皆春；斗柄南指，天下皆夏；斗柄西指，天下皆秋；斗柄北指，天下皆冬。今天，由于岁差的原因，斗柄的指向已有了改变，但对四季的指示还是大致成立的。

作为中国最古老的自然科学，中国古代的天文学为社会文明做出了巨大贡献，它曾经有过辉煌的成就。但翻开现代天文学的书本，几乎很难找到讨论中国天文学成就和发现的篇幅。

中国古代天文学当时受到经济发展的需要，但占星也是起到相当重要的作用的，中国古代的占星是受到政府大力扶持的。

天文作为一个政府部门来为皇权服务，作为一门科学就很难正常发展了。汉代“荧惑守心”的故事就是一个典型的利用天文异象达到政治目的的例子。荧惑星就是火星，当火星运行到苍龙的心脏部位，心宿停顿时就叫做荧惑守心。

据说在公元前7年的那个春天，发生了“荧惑守心”的天象，这在

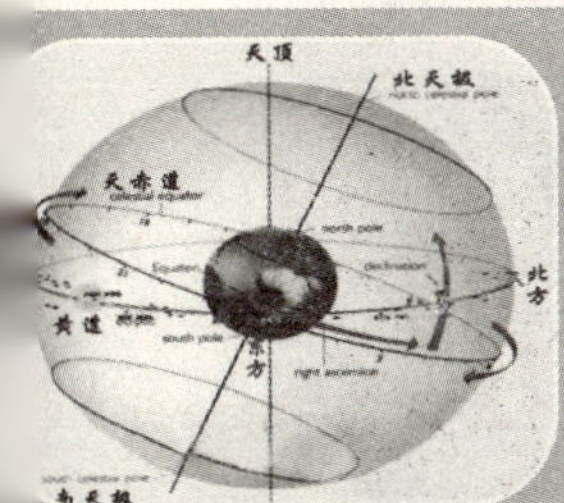

黄道

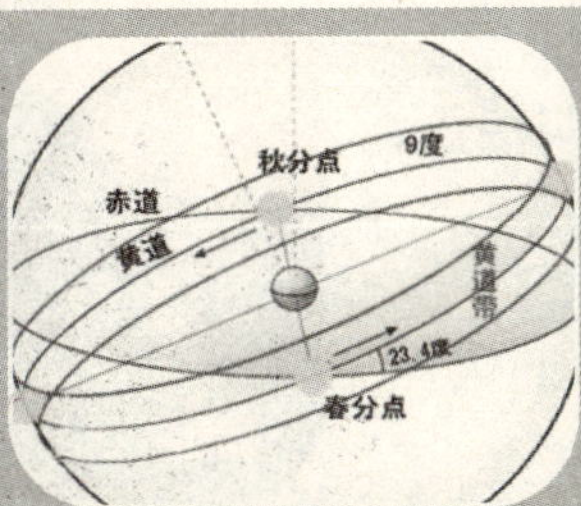

偏离的轨道

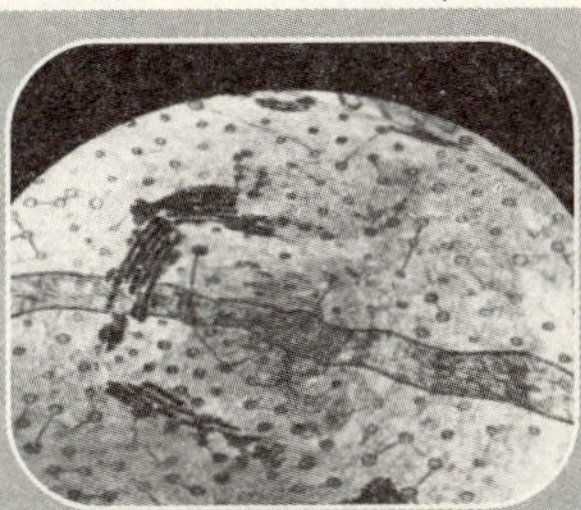
狭窄的区域

黄道带

古时的黄道带

当时是象征着凶险的，是皇帝做错了事才会有这种天象的，皇帝就挑了一个人去顶罪，他挑中丞相翟方进，告诉他代君受过，赐给他10担酒、一头牛，然后自尽，最后这个丞相就不清不白地死了。

现代天文学史研究者做过一个研究，搜索了中国古代所有的古籍中的“荧惑守心”的记录，发现共有23次记载“荧惑守心”，经过认真核算，这23次记载有17次不曾发生过，也就是人为捏造出来的。而相反的，按照计算来说，从西汉到清末这段时间里面应该发生40次左右的“荧惑守心”这样的事情，却都没有记载。而翟方进自杀的这次“荧惑守心”的现象，确又是不曾发生的，也就是一次伪造的天象，实际上是一次宫廷斗争的结果。所以在中国古代，它的观星或者占星的结果往往联系的是国家、皇权，和政治有很密切的联系。

你能知道你的祖先最早能回溯到什么时候吗?你知道你的家族的族星在天上什么位置吗?在中国古代星座的故事里，就反映着一些古老姓氏远祖的事迹。比如说“井”这个姓，在远古的时候，有一个发明打水井的人叫伯益，他的后人就以井为姓，还建立了一个古国叫井国。这个井国在周灭了商之后，分封大臣的时候，分给了大名鼎鼎的人物姜子牙(姜太公)，而井国在天上对应的就是四象当中

美丽的建筑

南方朱雀的第一宿——井宿。

相互之间进行讨论

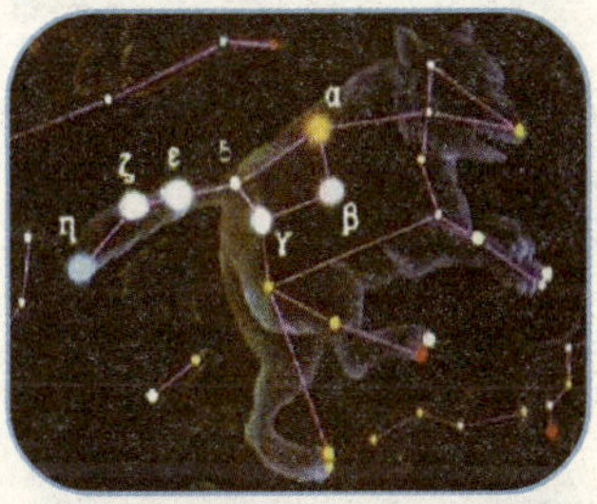

大熊星座

小熊星座

四象就是黄道带四方，用4种动物来表示，在中国民间流传很广，汉代天文学家曾形容为："苍龙连蜷于左，白虎猛踞于右，朱雀奋飞于前，灵龟圈首于后。"实际上这描述了2 000年前，我国中原地区初春季节黄昏不久后的天象。

黄道带的四方，也就是四象，对应着中国古代的东南西北，所谓东夷、西羌、南蛮、北狄。南蛮就是指南方民族，南方朱雀本身的含义就是指这些民族的分布地区，因为中国古代对星座的命名本来就是对应着民族的分布和国家的分布。

南方朱雀代表的地区是远古时代鸟崇拜的民族，他们认为自己的祖先是鸟，连他们的官名都是用鸟命名的。朱雀统领着井宿、鬼宿、柳宿、星宿、张宿、翼宿和轸宿七宿；古人的星宿分野概念就是地上的疆土在天上都有对应的星宿。井宿在这只展翅的大鸟的翅膀上，它对应着井国，也就是现在陕西宝鸡一带。鬼宿位于大鸟的头部，也是大鸟的眼睛。鬼宿对应着殷周时期西北方的少数民族鬼方的栖息地，也就是现在的陕西扶风地区。井国和鬼方都是秦国的心腹地带。柳宿是大鸟的嘴巴，是少昊后裔建立的六国对应的星座。星宿是大鸟的颈部，张宿是鸟的胃和身体躯干部分，它对应的是衡山国，也就是现在的湖北黄冈一带。翼宿是鸟翅和鸟尾，翼宿则对应着当时的楚国，现在的荆州一带。

说起张宿，还有一个故事。在远古的时候，有一个人发明了弓，就被封为弓正，按现在的话说就是制造弓的皇家工厂的技术总监。张氏的祖先因为造弓，后人就姓张了，而且也就以造弓为业了。弓在古代是用来打猎的，对古人来说是一个非常重要的工具，所以在星座里也就有了弓的位置，就是弧矢星。弧矢星在井宿的正南方，但是它离黄道非常远，古人在黄道带分二十八宿的时候，它就无法作为黄道带的星宿，所以在黄道带上再安一个星座，就是张宿。

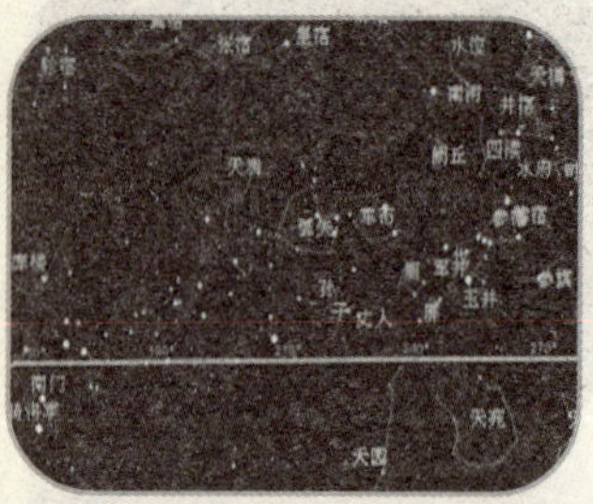

❑ 星座命名图

黄道带的四方星——青龙、白虎、朱雀、玄武，其中的玄武到底是龟、是蛇，还是龟蛇的合体，自古说法就不一样。玄武(座)对应的西方星座有天琴、宝瓶、人马等星座。关于天琴座，有一个哀婉的故事。天神阿波罗有一个儿子叫奥尔菲斯，他很会弹琴，只要他一弹琴，大地就为之所动，所有的猛兽都变得特别温顺。奥尔菲斯有一个非常美丽的妻子，两个人生活很幸福，可是天有不测风云，有一天他的妻子被毒蛇咬伤了，随后就死去了。奥尔菲斯非常伤心，他到地狱里去找冥王要人，冥王不答应。奥尔菲斯就弹起他的七弦琴寄托哀思，琴声一响，冥王的心被打动了。他答应让奥尔菲斯把妻子带走，但是有一个条件，就是从阴间到人间的路上，奥尔菲斯不能

❑ 繁星点点

❑ 星区

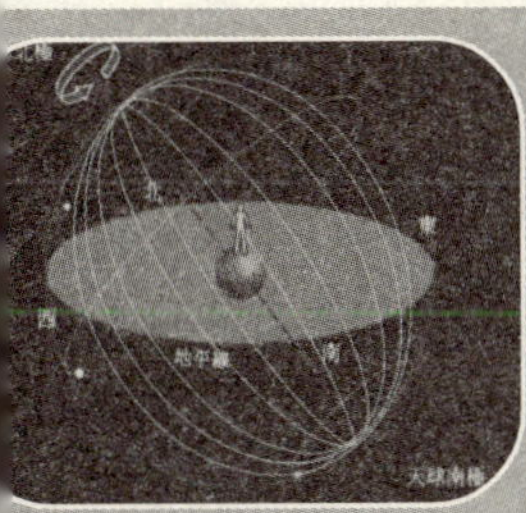
二十八宿

关于《吕氏春秋》的记载

科学史学家

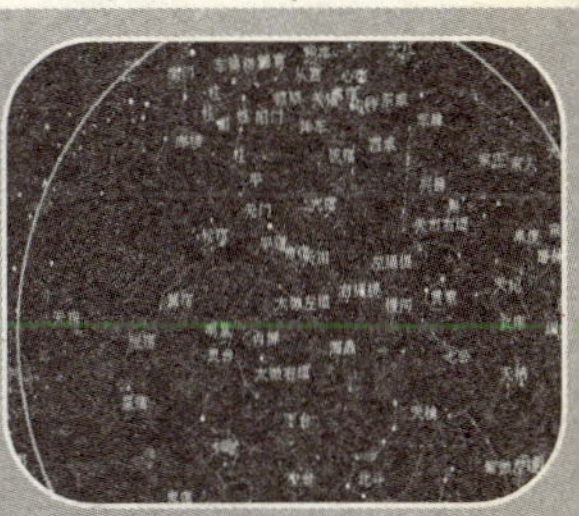
天体图

回头看，否则他的妻子就回不到人间了。奥尔菲斯答应了这个条件，在离人间就差一步远的地方，他忽然间感觉到他听不到妻子在后面走路的声音，就下意识地回头去找，结果他的妻子一声惨叫又回到了地狱。奥尔菲斯非常伤心，他知道他再也没有和她生活在一起的希望了，就投水自尽了。宙斯知道以后很伤心，他把奥尔菲斯的七弦琴捡起来，摆在星空，成了现在的天琴座，来纪念这一对夫妻。天琴的故事是一个悲婉凄美的爱情故事，在西方广为传诵。巧合的是，天琴座位于中国的玄武之象这个天区里，而其中最亮的那颗星在中国被叫做织女星。同样凄美的牛郎织女七夕相会的传说也在中国流传了世世代代。

牛郎星、织女星都在玄武这个天区里面。玄武统领着北方七宿，也就是斗、牛、女、虚、危、室、壁七宿。斗是杓(勺)，室是营造宫室，壁就是墙壁。

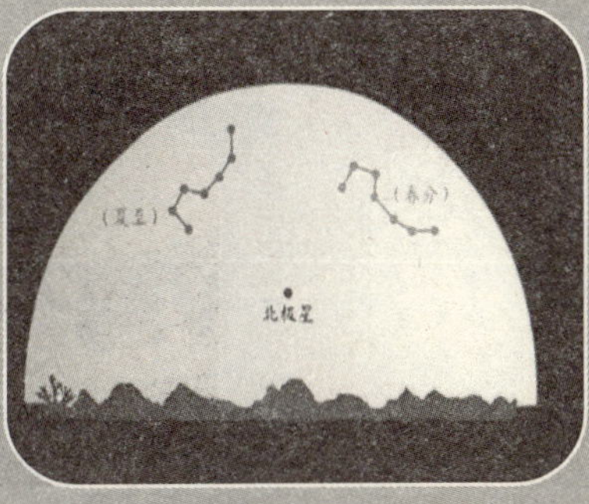

绕着北极转圈子

据说玄武是龟蛇合体。夏民族的祖先夏禹的父亲鲧，他的字是玄冥，古时也读做玄武。玄冥是帝尧时候的水正，曾带领群众治水9年，根

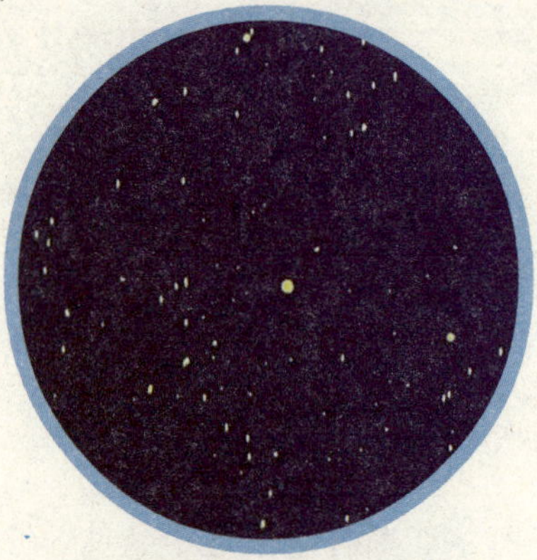

不断地变化

据学者考究，他还曾经建造城市保卫君主，后来和舜争帝位的时候被打败。至今许多地区还有真武庙，就是玄武庙，是先民祭祀玄武的地方。后来，玄武被道教供奉。在传说中，鲧是灵龟的化身。而夏的一个分支涂山氏，当时封地在西南巴国，他们把蛇作为图腾；越人更是认为自己是蛇的后裔。这可能是龟蛇合体说法的由来。

四象在古代中国的占星术中占有很重要的位置。在《晋书》中记载了一个有关天象的奇闻。当时的晋国准备出兵吴国，吴国对应的天区正是斗、牛二宿，而此时斗牛之间出现了紫气，而且越来越强。紫气东升在星象中代表着强盛、不可侵犯。许多主战派开始犹豫，而晋武帝还是坚持出兵，最终灭掉了吴国。可见这种星象并不是真正代表了人类的兴衰，而当时出现的紫气实际上是斗牛二宿之间的一团星云。

(吕洁)

威严的皇宫

火星

NO.22 中国星座——紫薇垣

ZHONG GUO XING ZUO ZI WEI YUAN

紫薇垣

王雪纯："关于中国古代天空有一个最有代表性的故事，就是《西游记》里的大闹天空。在这出戏中，天上与人间一样什么都有，有皇帝、王母娘娘，还有文武百官、七仙女，惟一的区别就是人在地上走路，神仙却是踩着云朵在天上飘。"

王荣彬："中国古人把自己所想之事都搬到了天上，按照他们在人间的想象构造出了一个星座体系。”

王雪纯：“这就是中国古代星座的来历。”

王荣彬：“现代的星座是这样定义的，以赤经赤纬线为边界把天空划分成若干个小区域，赤经赤纬是天球上的赤经赤纬，与地球上的经纬线是一样的。划分成的若干小区域都是模平竖直的，但不一定是正方形。”

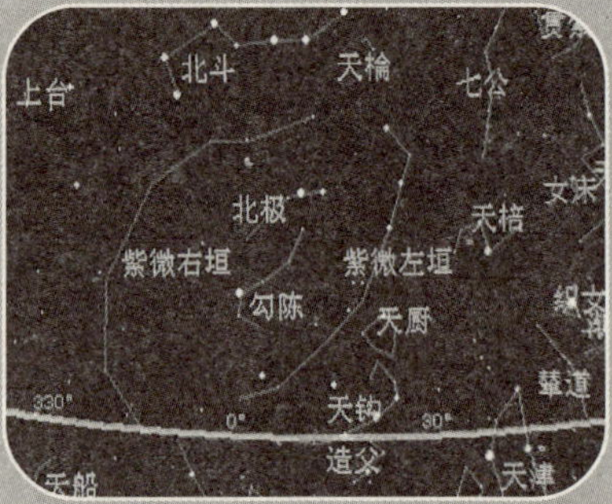

天体图

王雪纯：“按照这个划分标准，星座实际上是由一片星星组成的，就是一个区域的星星。但很多人都有这样一种认识，星座必须是几颗特定的星星，把它们连起来是一个特定的形状，或者是一个特定的象征意义，这才叫星座。”

王荣彬：“古代的确是这样的，不仅中国古代如此，古希腊也如此。人们把一些亮星连起来，按照想象的图像，再加上各自文化中的神话故事或者历史故事，并结合这些故事和想象中的图像，给这些亮星命名为一个个星座。”

垣墙

皇宫的宫墙

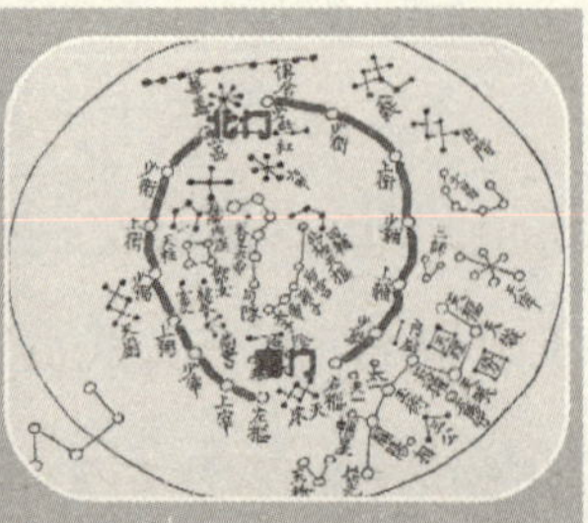

南门北门

王雪纯："比如蝎子座、巨蟹座、猎户座等等。"

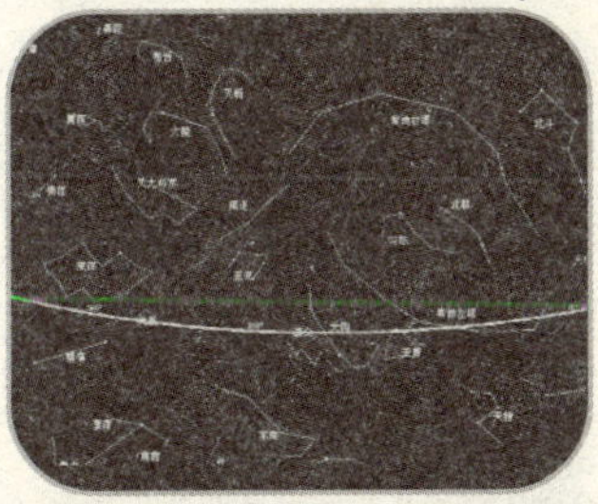

□ 奎宿

王荣彬："这些星座的名字都是古希腊的，属于西方星座体系。中国古代也有自己的一套星座体系，早在周代以前中国古人就已经给一些很著名的亮星和星座命名了，后来发展成一个完整的体系，叫做三垣二十八宿。"

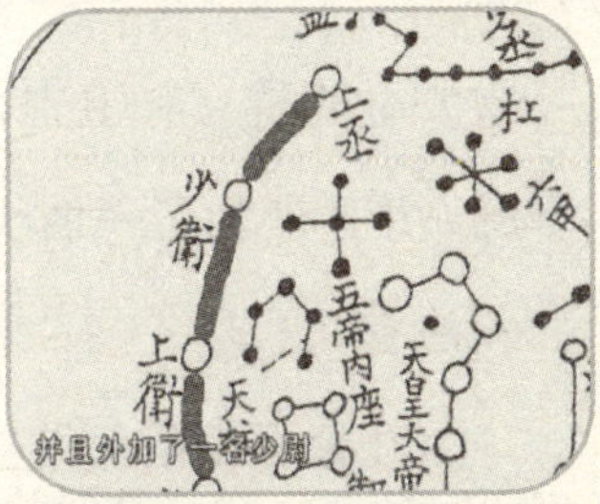

□ 少卫

王雪纯："这是一个很复杂的星空的构成，按照这个构成，在中国古代的星座里是否有玉皇大帝的宝座和与之对应的星座位置呢?"

王荣彬："不仅有玉皇大帝，还有玉皇大帝的皇宫，一应俱全。用来做玉皇大帝皇宫的这片天区，叫做紫薇垣。"

□ 古代的人们

王雪纯："地上有个紫禁城，天上有个紫薇垣。"

在晴朗的夜空中，人们能看到满天闪烁的星星，面向北方，在天空的中央便可以看到紫薇垣。紫薇垣以北极为中心，并以北极附近的一片星群为基础所构成，它包括了北纬50度以北范围内的天区。在这个范围内，最显著的标志是左右垣墙。

垣墙是由左面8颗星和右面7颗星组成，用一条想象中的线条将这些星星连接在一起，象征着皇宫的宫墙。垣墙上开有两个门，正面开口处是南门，正对着北斗星的斗柄。垣墙的背面是北门，正对着奎宿的方

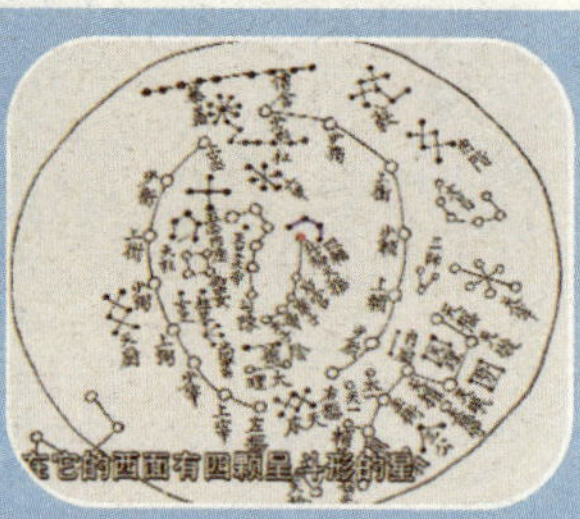

❑ 天枢星

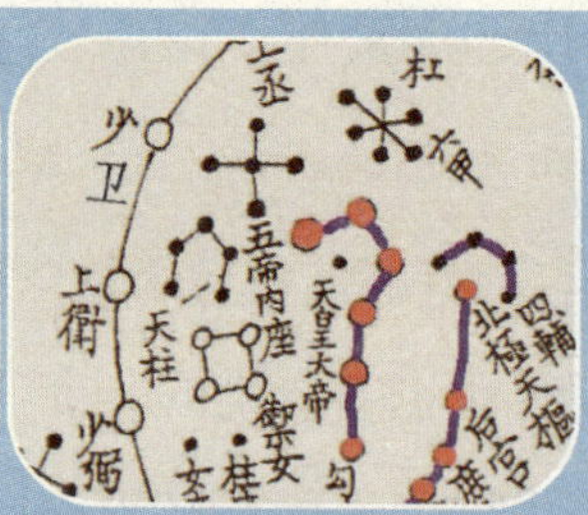

❑ 极星

向。组成垣墙的每颗星都以周代所用的官名命名。细看这些官名，它们是由丞相率领的，一些负责保卫皇宫安全的侍官和卫官，以及负责皇家家政内外事务的宰相和辅弼组成的，并且外加了一名少卫。因为他是由国家派驻，专门负责皇宫刑狱的司法官。

在紫薇垣的垣墙内有两列主要星座，其中一个是天枢星，在它的西面有4颗呈斗形的星把它围了起来，而南面有一串小星，第一颗就是后宫，也就是传说中的王母娘娘，再往南是庶子、帝星和太子。另一列是钩陈六星，被钩陈中呈钩状的4颗星所包围的一颗小星，称为天皇大帝。这是一个极为显要的星名，在历史上应该曾经被作为极星，其中的钩陈一是近代所使用的极星，也是这两列星中最显著、比较明亮的星。另外在垣墙内还有服侍天帝的“御女四星”，代表天帝在不同方位上的座位的“五帝内座”，等等。在紫薇垣的垣墙外分布着在皇宫中使用的一些

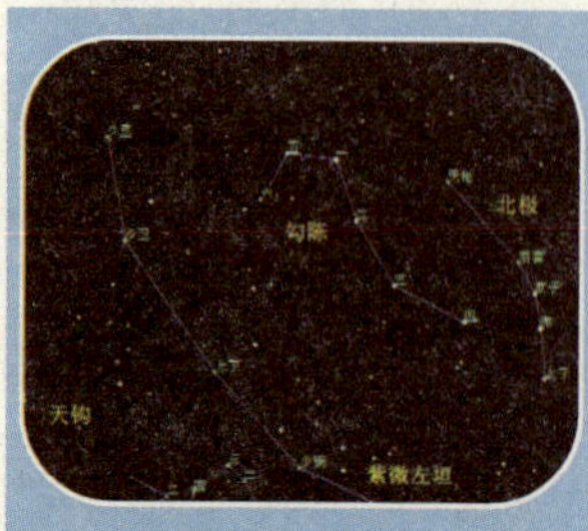

❑ 比较明亮的星

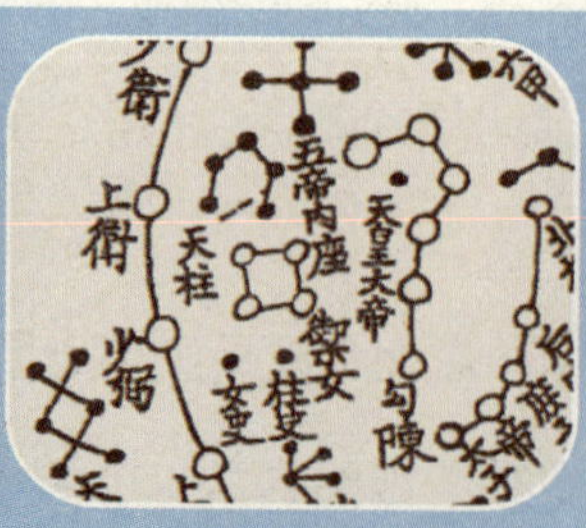

❑ 御女四星

❑ 互相探讨

仰望星空

北斗七星

北斗七星图

长翅膀的仙人

设施，比如天厨和内厨两个厨房，睡觉用的天床，关押犯人的天牢，文官们的所在地——文昌宫，天帝出行时用的帝车等。

王雪纯：“天上紫薇垣比地上的紫禁城更加丰富多彩，可是为什么就单独选了那一片天空来当皇宫呢?”

王荣彬：“我们的祖先在勤奋地观察天空的过程中发现，在北方有一个区域，很多星星都在转，只有很少的一些星星似乎停滞不动。其实，我们看到的星星在转圈是由于地球的自转引起的。地球的自转轴有两个极，一极冲着北极，一极冲着南极。由于在北极这片区域里有的星星不动，把这片区域作为皇宫就显得很明显，其他星星都绕着这个区域转，这象征着百官和百姓都在围绕着皇上转。”

王雪纯：“就像孔子说的，众星拱之。紫薇垣里有很多星座的形状与它们的名称联系不起来，感觉不是那么直观。”

王荣彬：“这是因为中国古人命名星空的原则与古希腊有所不同。大部分的古希腊的星座比较对应，很像。而中国星座命名的原则不是连的图形要像，而是要求人间有什么天上就要有什么。具体到紫薇垣，皇宫里就要有必须有的那些东西。”

王雪纯：“就是设施要齐备。”

王荣彬："比如说皇上要吃饭就要有御厨，所以你看就有两个厨房，要给皇上做饭；皇上要休息还要有天床。所以这些东西的位置不一定都能摆放合理，比如天床就放在紫薇垣的南门口。"

古代的官员

王雪纯："大多数星座的形状和名字都不太对应，但是有一些星座还是很直观的。"

王荣彬："比如北斗，在中国传统星座中的含义是皇帝坐的马车，而北斗七星的斗勺相当于驾车的辕，后面的4颗星形成的斗魁相当于车体本身。"

仰望星空，最让人们熟悉的可能就要算北斗星了。之所以叫北斗星，恐怕还是因为它的形状太像一个斗，也就是今天说的勺子。但是之所以这样家喻户晓，一方面是由于这7颗星都是非常明亮的星，在夜空中很好辨认，另一方面北斗星的斗口永远向着北极星，所以人们自古就有用北斗星来指引方向的说法。不过在《天官书》中，将北斗称为天帝乘坐的马车，意喻天帝坐在马车上一刻不停地巡行四方。因为北斗星的斗柄在4个季节里，会指向东南西北4个方向，所以古人也常用它来划分四季。而斗柄转过一周也就是天帝巡行一周，便是过了一年。

斗魁星陶钵

从一幅在山东出土的石刻上拓下来的图片中的北斗形状可以看出，这一形状正反映了马车的车架结构，

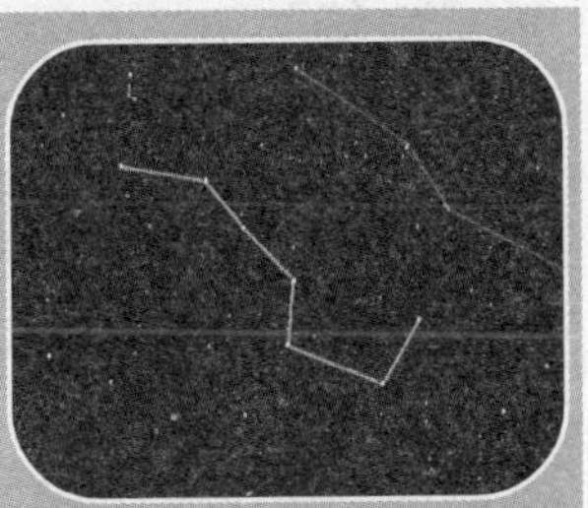
❑ 北斗七星的含义

斗柄的3颗星是车辕。组成斗口的4颗星合称为魁，是车身。有一位帝王形象的人端坐在斗魁之中，在他的前后有一些臣民在向他朝拜。图中还有一颗辅星和一位长着翅膀的仙人。在北斗星的前方可以看到当时马车的形象。中国古代的马车是有分工的，这个北斗因为在北极紫薇垣附近，所以它所代表的车子应该是专供帝王乘坐的帝王之车。

古人除了把北斗星看作是斗或者是车辆之外，考古学家从一些出土的文物中推测出，北斗星或许与人们所熟悉的猪也有着某种联系。

(秦雪竹)

NO.23 中国星座——巡游星际四方

ZHONG GUO XING ZUO XUN YOU XING JI SI FANG

出土文物

王雪纯："现在星座好像成了流行文化的一部分，尤其是年轻人，张口闭口就说你是什么星座，我是什么星座，然后与自己的性格、血型对应起来。"

王荣彬："所说的这些星座是指黄道十二宫。古希腊人把黄道带分为了十二段，就叫'黄道十二宫'，大家说的星座，是指黄道带上的某一宫。”

王雪纯：“黄道十二宫刚好可以同一年中的12个月份对应起来。这里的‘黄道’与人们常说的‘黄道吉日’中的‘黄道’是一回事吗?”

王荣彬：“这两者是有关联的。古代定义星空的时候，为了研究行星的运动，一般都是以黄道的左右为基础来定义一些星座，我国是把黄道带分成四象，每一象有七宿，四象一共二十八宿。”

王雪纯：“‘四象’分别代表着四季。”

王荣彬：“也代表着4个方位上古代所对应的民族。相传在三皇五帝时代，帝喾叫高辛氏，有两个儿子，长子叫阏伯，小儿子叫实沈，分别是东夷和西羌部落的首领，可是两个部落之间经常发生战争。到了帝尧的时代，觉得手足之间不应该相残，于是，把阏伯迁到东方的商丘一带，让他以观测大火星来定时节，大火星是苍龙这个星座的中心。把实沈迁到西方的大夏地区，让他观测参星定时节。”

王雪纯：“这样一来兄弟俩就再也见不了面了。”

王荣彬：“因为参星和大火星之间是相对的，一个升起另一个就要落下，所以他俩永远

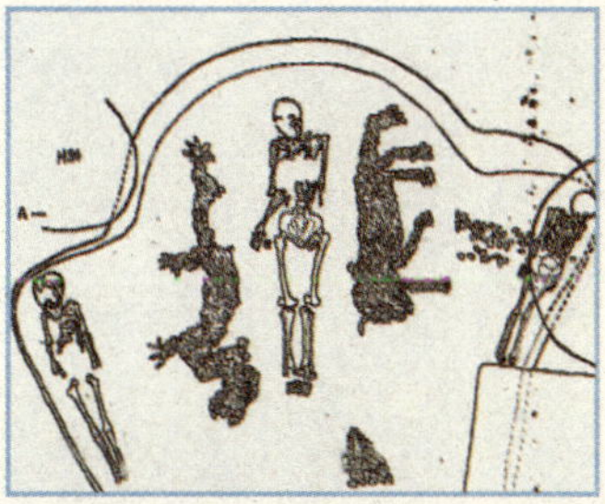

崇拜星座

三垣四象

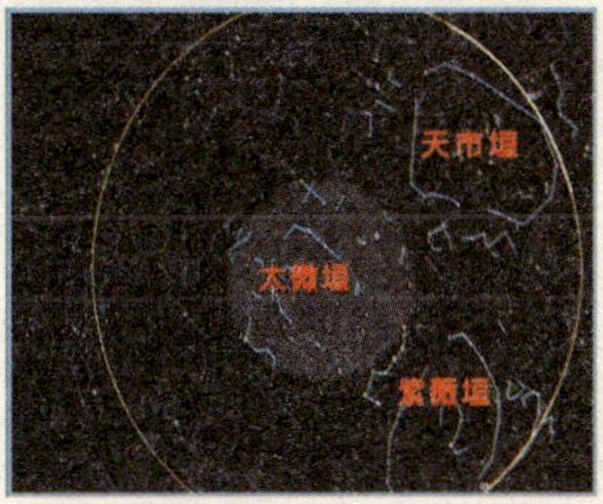

皇权的范围

四象图

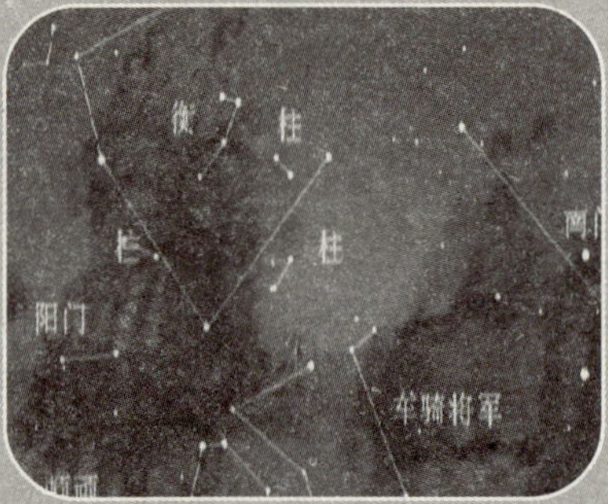

❑ 战场上的厮杀

也见不着面。”

王雪纯：“远古的时候，中华民族有东夷、西羌、南蛮、北狄之分，并且都有相应的具体位置。东夷就在今天东部沿海一带，他们的图腾过去是龙；后来东夷中有一支南迁，和当时的苗蛮结合在一起形成了南蛮，他们的图腾是鸟，所以现在那个地区出土的文物里，有很多鸟的形象；西羌的图腾是虎；北狄的图腾是龟蛇。”

王荣彬：“四象建立在图腾基础上，同相应的民族是有关系的，如果理解成四象是以4种动物的形象来命名就大错特错了。”

从河南出土的6 000年前的龙虎蚌塑星象图说明，远古时期的中国各民族已经有了自己所崇拜的星座，同时也为图腾的推断提供了实证。在中国古人眼里，天空被分为三垣四象。三垣位于天顶，那是皇权的范围，而四象则是皇权统治下的四方臣民。不同于皇权的奢华，通过四象中的星座名称，可以发现天上的每一个星座都在天帝的统率之下，没有一个不是天帝的臣民，没有一颗星不与天帝联系着。作为皇权的统治，

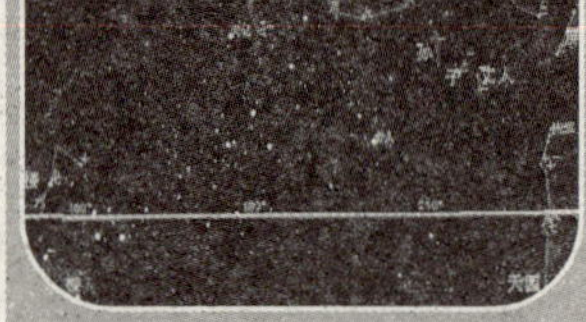
❑ 老人星

❑ 南极老人星

❑ 汉墓石刻

汉墓石刻上的图片

军队是必不可少的，在广阔的星空世界中分布着南方、西北方、北方三大战场，各种军车和兵种都由各种将领统率着。银河既然是天上的河流，天帝在银河的沿岸就要建起关梁，以利于交通和关防。除此之外，还有农人种植着大片天田。水域中生长着鱼、鳖、龟等水生动物资源，以供人们采集利用，而在南方地区的地平线附近有一颗星，即使其他的星星都隐去了也能看到它的存在，人们称它老人星，也就是人们常说的老寿星，也有人称它为南极老人星。

王荣彬："所谓的南极老人星中的南极，并不是与北极对应的那个南极，只是因为它在靠南方的纬度特别高，在我国的黄河流域很难见到它，所以把它叫做南极老人星。在我国南部地区，农历二三月的黄昏，南极老人星会升到最高，这时能上到地平线上，但是很快又会在黄昏的余晖中落下去，要想看到南极老人星非常不容易。南极老人星的四周还有一些其他的星星，比如丈人星、孙星、子星。"

王雪纯："这就像个大家族，可是为什么它叫老人星呢?"

秋季的夜空

王荣彬："因为这颗星非常亮，很容易引起古代人的重视。汉代的时候人们有尊老的习惯，因此人们把这颗星与老人联系起来。"

王雪纯："过去人们在观测南极老人星时，常会把它的动向和自己家中老人的健康状况、寿命等联系起来，然后又通过老人健康长寿的状况，来推测国家的繁荣安定。”

王荣彬：“汉代敬老的风气同皇上有关系。有文献记载，汉代每年仲秋时节，都会在国都南郊举办敬老的活动或仪式，向70岁以上的老人授王杖，送糜粥。在首都，皇帝自己还要亲自在仪式上宴请当地高寿的老人。”

王雪纯：“这个风俗慢慢演化，就变成现在的重阳节。说到天上星星的故事，人们最熟悉的莫过于牛郎织女的故事。”

在秋季的夜空中有两颗非常明亮的星，那就是牵牛星和织女星。由于秋季时它们位于天顶的方向，分立在银河两边，所以很早就受到人们的特别关注，并由此而流传着一个动人的故事。

家喻户晓的黄梅戏《天仙配》讲述的就是这个浪漫而凄美的故事：美丽的七仙女爱慕人间青年董永而私自下凡，并与董永结为夫妻。正当一对恩爱夫妻憧憬美好未来生活的时候，玉帝却令七仙女返回天庭，从而拆散了天上人间的一段美好姻缘。虽然从天文上看，真正的牵牛星和织女星是不可能相聚的，但是人们在每年的农历七月初七，还是会在银河上为牛郎织女搭起想象的鹊桥，让有情人相会。在晋人张华所著的《博物志》中更是记载了一位蜀人探访牵牛星的故事，这不仅表达了古

❑ 牛郎织女星

❑《天仙配》的故事

❑ 剧中的情节

❑ 鹊桥相会

❑ 故事开始的地方

人对牛郎的同情，通过这个故事我们还可以看到古人对宇宙最初的认识。这个故事记载，一位蜀人在筏子上盖了一座小屋，并备足了食物，乘着这个筏子出海。在海上航行的前10天还可以看到日月星辰的出没和昼夜的循环变化，10天以后，就只能见到茫茫忽忽的状态，不再觉得有昼夜的变化。这时他的眼前出现了一处地面，那里建有城市和房屋，而宫廷中有许多织女在织布，一名男子手牵一头牛到水边饮水。于是这位蜀人问牵牛的人："这是什么地方?"牵牛的人叫他回去后问当时的天文官严君平，于是他又乘着筏子如期返回到蜀地见到了严君平，严君平告诉他：某年某月某日，有客星犯牵牛。而屈指算来那天正是他见到牵牛人的日子。有诗云："九曲黄河万里沙，浪淘风簸自天涯。如今直上银河去，同到牵牛织女家。"

王雪纯："古代的传说故事总给人一种恍惚的感觉，因为它描述的事情总是会让人觉得亦真亦幻。"

王荣彬："浮槎访牛郎的这个故事，从内容和他访牛郎的方式来判断，不是真实的故事，也不像是实地考察的记录，但是这反映了当时文人的一种观念，在古人的宇宙观念中认为大地是浮在水上的。这是中国古人对宇宙结构的一个观念，它反映出古人对

❑ 坐筏出海

宇宙观念的认识。”

繁华的都市

王雪纯：“古人能够想到地水和天水的连接，是一个伟大的壮举，用一个木筏子来找到这个地方，充分说明古人认识世界的质朴方法。”

王荣彬：“这个故事虽然是虚构出来的，但是对古人的影响非常深远。明代的郑和下西洋的时候乘坐的可不是小筏子，而是郑和宝船。郑和下西洋沿途看到各地的风土人情和物产，他都记录下来整理成一本书，叫《星槎胜览》。而这个‘槎’就是小筏子的意思。《星槎胜览》这个书名从字面上的含义就是：乘着一个小木筏在海上航行，观测天象，记录各地的风土人情、物产。”

这是河姆渡出土的斗魁形陶钵，陶钵上刻有醒目的猪形，猪形上面还有一些星星点点，被认为是某种星座的象征。后来很多专家分析认为这是猪神的图腾，上面的星座或许是同北斗星相对应的。也就是说北斗星可能也代表着猪神。

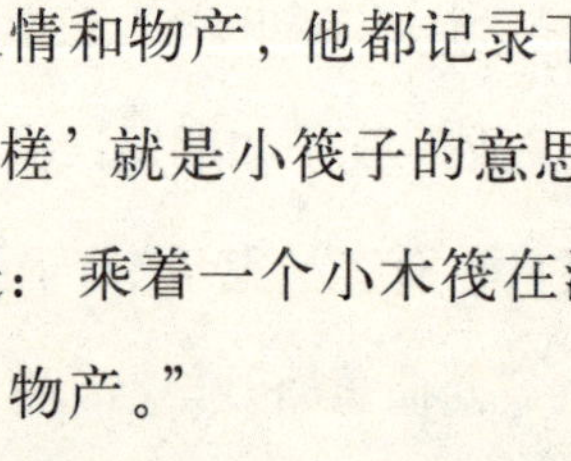
喝水的牛

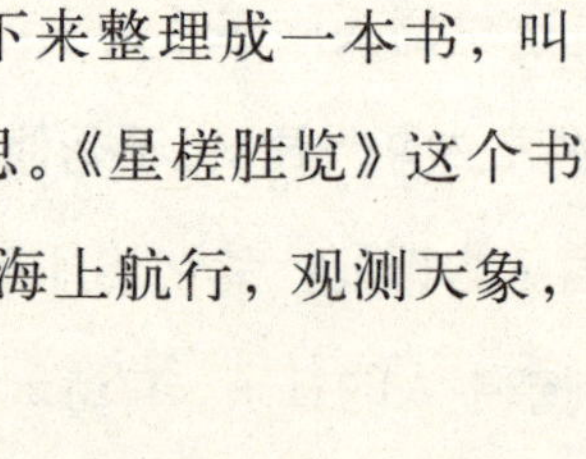
严君平

王雪纯：“说北斗星像称量用的斗或是皇帝坐的车，还容易理解，可是它与

一行和尚

唐玄宗

猪神有什么关系?”

王荣彬:“有一个直接的证据,记录在唐代文献《明皇杂录》里。唐代有一个著名僧人一行,俗名张遂,由于精通数学和天文,唐玄宗即位时把他召到京都长安,做了朝廷的天文学顾问。有一次他为了救恩人王姥姥在狱中的儿子,经过反复思考,想出了一条妙计。

“他从寺庙的院子里找来一口大缸,对工人说,某时某刻会有7头猪过来,你们一定要把这些猪抓住。果然按照一行所说的时间有7头猪过来,工人把它们抓住放到大缸里,盖起来封上泥。这泥当然是神泥,一行又在上面写上一些梵文,谁也不认识。

猪与北斗七星的联系

“很快就有天文官报告皇上说,天上的北斗看不见了,皇上就派人问一行是怎么回事。一行说星星不见了预示着人间有祸事,北斗象征着帝车,它的不见可能跟皇上有关。皇上一听非常紧张，就问一行有什么办法。于是一行说佛家讲究慈悲为怀，建议皇上大赦天下。”

王雪纯：“一行用这个办法救了王姥姥的儿子。”

抓住了7头猪，便不见了北斗七星。这个故事的真假并不重要，重要的是至少在唐代的记录中，便把猪与北斗星联系在了一起。

(秦雪竹)

我真喜欢《天工开物》

王　知

说起来真有意思，我做梦也没想到，60岁的人也会去当中央电视台的嘉宾主持人。有的人瞎议论，说是我哥哥帮我走的后门；有人说王雪纯是我女儿，怕我退休之后心态不平衡闷得慌，给我找了这么一个逗乐子的事儿。您说这都是哪儿对哪儿啊，这些人真无聊。

其实做节目主持人，一开始我特紧张。2004年2月19日我第一次录节目，头一天一宿没睡，脑子里面一片空白，说实话我从来没这么紧张过，大学期末考试前别人熬夜，我还去看电影，哪有这事儿啊！老伴安慰我说："凭你的智商，至于吗？明儿保证没问题。"还真让她说着了，第二天往那一坐，灯光一打，人一精神，词儿全出来了。人家雪纯真是绝顶聪明，反应快，记忆力好，在《正大综艺》组是有名的"小人精"。后来雪纯很严肃地告诉我，她终于发现了"老人精"在《天工开物》节目里。哈哈！说起雪纯，我真地喜欢她。她特懂事。2004年初夏，我和老伴趁雪纯母亲林如老师的生日"请"她们母女吃饭，结果呢，雪纯死活就是不让我埋单，硬说这是小辈孝敬老人。你看人家办事，我没花钱就好像我花了一样显得倍儿洒脱。

开始节目录制时，儿子帮助我设计造型，建议我一定要严肃，要有科学家的气质，不可搞笑……我牢记在心并付之行动，不苟言笑、一本正经，结果反映不好。编导和雪纯反复劝我放松，千万不要像在学校讲课时那样。凡是有逗笑的故事，雪纯就让我说，什么打篮球时人骑人扣球，发明闹钟的人"半夜鸡叫"演绎出"四点零五分的故事……"，当我讲完她是那么开心地大笑，真让我觉得自己讲得很好玩。她还教我如何像计算机那样学会用"暂存"记住要说的话，利用“瞬时记忆”不用“永久记忆”，不然内存就不够了。特别是个别字的发音我总是请教她（中央台对主持人有严格的规定，每念错一个字要扣××元，各位观众如果注意《天工开物》头几集的字幕我是主持人，但是我经常有一些字、词的习惯读音是错误的，而给我的劳务费不够扣我的钱，后来就改成嘉宾主持了，逃过了这一劫）。

其实我还是《天工开物》的业余宣传员，因为我真的觉得我们的科普宣传力度很不够，所以有机会就向别人“忽悠忽悠”，当然是在科技界和航空领域。吹牛的时候还必须装得特潇洒——“玩儿嘛！”这是我的一句口头语。在我的宣传下，中国民航总局局长杨元元，人大常委委员朱丽兰、刘积斌、任茂东，这些德高望重的领导、科学家，还专门给中央电视台写了信，赞赏这个节目。

说到这儿就必须讲讲节目组的制片人、编导和其他工作人员，他们是幕后功臣。在“天工开物”的网站上我写了这么一段话：“请各位观众注意，一个科技工作者只能是他所从事研究领域的专家，其余的领域他也只是一个学生。我正在努力用自己的头脑和舌头来体现编导的创意，为科普事业鼓与呼。”您想想，我是搞航空管理、科研与教学的，什么《拉链》、《轮滑鞋》、《麻醉剂》、《纸尿裤》……我怎么会有那么宽泛的知识啊，是编导们去选题、搜集资料、编辑拍摄大纲、设计小片穿插，总之案头工作、现场拍摄、后期制作全是人家编导在无数个日日夜夜完成的。然后还有严格的、一丝不苟的审查。两年多的时间，一百多集的合作，你们现在都好吗？我想念你们。

今天《天工开物》故事集出版了。我得以重温里面的章章节节，真的感到欣慰：在我的一生中，还曾经做过这么一件有意义的事儿。也真的感谢成就《天工开物》的人们：年轻有为、知识丰富、含辛茹苦、可亲可爱的编辑与导演。衷心祝愿你们发挥聪明才智，为广大观众奉献更多更好的科普节目。

回想《天工开物》

王雪纯

写下这个题目时，心里有许多遗憾。2005年夏天，我还和《天工开物》的编导一起热烈地探讨制作古代器物系列节目的选题，到了年底，我们只得把这份热情和理想封存到柜子里。《天工开物》并没有以一个栏目的名义存在过，但全组人员的工作状态和投入的心血、感情使我觉得它比很多正规栏目还要规范，因为从策划到实拍的过程中，大家在很多细节上下了功夫，而细节往往决定着成功。

《天工开物》起初组建时，从外围以主持人身份介入的有我和王知老师两人，我们录像的过程充满了率真的交谈和开怀的大笑，以录制节目的工作效率与合作气氛而言，能如此畅快恐怕不为多见。后来一段时间我自己主持，还觉得怪孤单的。王知老师是科学界的专家，同时又是一位性情中人，他的可敬可爱给《天工开物》注入了一种特殊的气质。与他合作是一段非常愉快的回忆。

曾经有些不太了解《天工开物》的同事问我："为什么你要去主持一个不太起眼的小栏目呢？"我无言以对，因为我听到有很多人说他们非常喜欢《天工开物》。我也十分清楚这个"小栏目"给我自己带来了巨大的充实感。我只能说，我很幸运，能做自己喜欢做的事，从这一点说，我也是要感谢《天工开物》的。

至于《天工开物》的众位编导，我总觉得我们之间的合作并未结束。这个节目的大部分选题都很有趣味，着眼处虽然细微，却颇有一番探微入密的兴味，引人追索历史和科学的脉络。可能正因为如此，我们才会有一种意犹未尽的感觉。我总觉得，或说是希望，那些未尽的课题早晚还是会完成的。

一份值得珍藏的记忆（代跋）

戴吾三

“你知道《天工开物》吗？”我清楚地记得2002年春陪着CCTV10的编导在清华校园和街头采访的情景，采访是随机的，旨在了解时下的大学生、社会青年对中国古代的科技名著，对书中所反映的创造发明了解的程度。

采访表明，大学生的回答明显好于社会青年，这反映出通过课堂和书本可以较多了解到古代科技，而当时来自电视传播的相关内容却很少。或许正是这一调查（还有前期的论证），坚定了10套开播一个以《天工开物》为名，系统地介绍中国古代科技的节目。古代留下那么多的科学遗产，大可以用作电视节目资源，做好了相信会有收视率的。后来的事实也证实了这一点。

CCTV的《天工开物》，借用了明代科学家宋应星撰著的《天工开物》之名。宋应星所采用的这四个字分别来自《书经》的“天工”和《诗经》的“开物”，这就是中国文化，凡事讲究渊源。看出CCTV起这个名字费了些心思。当然，要说清“天工开物”的原意挺拗口，需要这样表述：“利用大自然的创造，开发人类所需的器物。”大多数观众对复杂的解释不感兴趣，《天工开物》制片人和编导深知这一点，他们充分利用实景实物拍摄了丰富的画面，用大量感性的材料来吸引观众，再加上专家的评说，由此增加了节目的文化内涵。

《天工开物》节目主要就是讲古代发明，讲在现代文明视野下关注古代器物，讲如何认识古人的聪明才智，以给今人启发。正是本着这样的理念，有了一期期精彩的节目，使观众了解到："越剑三绝"绝在哪里？"悬空寺"何以悬空？"鱼洗"为什么会跃出水花？……

作为一名中国科技史研究者，我有幸参与了《天工开物》多期节目的策划和制作，深感电视是一个涉及多种元素的综合创造。原来利用文字能讲清楚的，搬到画面上却不见得行，比如在《成语科考》中，我讲"一帆风顺"与古代的帆，原来是在书本上画图，那是静止的，要读者看着书本琢磨比画（得花时间）。而搬到电视上，只靠嘴巴说不清楚，这就迫使我做了一只小船，借助船帆的不同迎风面配合小船的运动讲解，实际效果不错。通过制作电视我学到了很多东西，懂得要与编导、主持人配合，有效地运用道具，语言要清晰简洁等。

在图像时代，电视传播的效果常常超于文字的传播。我写过《成语中的古代科技》和《汉字中的古代科技》，书卖得不错，但却少有读者来信。而改编后搬上屏幕却出乎意料受到"青睐"，我接到许多观众来信和电话，有提出问题希望解答的，有提供资料补充的，有热情鼓励的，这说明电视是一种颇有"人缘"的媒介，在传播中国古代科学文化上有不可低估的作用。

《天工开物》曾取得很好的收视率，这足以反映节目的制作水准，也表明今人喜爱古代科技透射的智慧。虽然播了。但它作为一份记忆，珍藏在我的心中，也留在许多观众的心中。